Die Schwarzen Löcher

Aus dem Amerikanischen von Hermann-Michael Hahn

Isaac Asimov

Die Schwarzen Löcher

Mit einem Vorwort von
Hermann-Michael Hahn

Kiepenheuer & Witsch

Titel der Originalausgabe
The Collapsing Universe. The Story of Black Holes

Aus dem Amerikanischen von Hermann-Michael Hahn

Schutzumschlag Hannes Jähn unter Verwendung
eines Bildes aus Astronomy Magazine Artwork
by David Egge, © 1978 by Astro Media Corp.
ISBN 3 462 01343 2

Für Phyllis und Al Balk,
die am 30. November 1973 da waren

Inhalt

V. Explodierende Materie

VI. Neutronensterne

VII. Schwarze Löcher

VIII. End- und Anfangsstadien

Vorwort zur deutschen Ausgabe

Die Astronomie – gemeinhin als eine der ältesten Wissenschaften bezeichnet – durchlebt in diesen Jahrzehnten eine entscheidende Wandlung, deren Ausmaß die »Revolution des Nikolaus Kopernikus« noch übertrifft: Während dieser die Erde aus dem ruhenden Mittelpunkt der Welt herausnahm und auf eine Umlaufbahn um die Sonne versetzte, während Kopernikus den Menschen also lediglich den »festen Boden unter den Füßen« wegzog, erscheinen jetzt die »Grundfesten des Himmels« ins Wanken zu geraten. Der Himmel, jahrtausendelang Inbegriff des ewig Unveränderlichen, entpuppt sich aufgrund moderner astronomischer Beobachtungen und dazu gehörender theoretischer Erklärungen als wahrhaft »stürmisches Universum«.

»Auch Sterne müssen sterben« – auf diese Kurzformel könnte man die Ergebnisse jahrzehntelanger Forschung bringen. Sie haben zwar für irdische Verhältnisse unvorstellbar große Lebenserwartungen (die Sonne ist bereits rund 5 Milliarden Jahre alt und dürfte gerade die Hälfte ihres Sternendaseins überschritten haben), doch am Ende steht auch bei ihnen ein »lebloser« Materieklumpen, in dem keine Umwandlungsprozesse mehr ablaufen.

Die erste, zunächst unverstandene Entdeckung einer solchen »Sternleiche« gelang rein zufällig im Jahre 1862. Doch erst in den 20er Jahren dieses Jahrhunderts erkannten die Theoretiker unter den Astronomen, welches Fundstück man hier zutage gefördert hatte: Einen Stern, kleiner noch als die Erde (der Sonnendurchmesser beträgt 109 Erddurchmesser), der trotzdem soviel Masse enthält wie unsere Sonne (rund 333000 Erdmassen). Ein Fingerhut voll Materie von diesem »Weißen Zwergstern« wöge auf der Erde rund 3 Tonnen.

Angeregt durch diese Erkenntnis, fanden die Theoretiker schon bald darauf, daß massereichere Sterne noch sehr viel spektakulärere Endstadien erreichen müßten: Objekte, die nur noch 10 Kilometer oder weniger groß sein konnten. Doch es dauerte bis 1967, ehe die beobachtenden Astronomen die Überlegungen der Theoretiker bestätigen konnten. Mit Hilfe einer ausgeweiteten und ausgefeilteren Beobachtungstechnik fanden sie zumindest die zweite Art »sterbender Sterne«, die Neutronensterne oder auch Pulsare genannt werden. Dieser Erfolg beflügelte sie, auch nach der dritten Möglichkeit Ausschau zu halten, den sogenannten Schwarzen Löchern.

Es war ihnen klar, daß dieses Unterfangen ähnlich aussichtslos erschien wie die Suche nach einer schwarzen Katze in einem dunklen Raum: Wie sollte man ein Objekt finden können, das nicht nur kein Licht aussendet, sondern auch alles auftreffende Licht verschluckt? Einzig sein Schwerefeld würde das Schwarze Loch verraten.

Parallel zu diesen astronomischen Entwicklungen fanden die Physiker eine neue Art, die Welt zu beschreiben. Sie erkannten, daß alles in unserer Umwelt bestimmt wird durch vier verschiedene Kräfte. Am bekanntesten, wenn auch am schwächsten von allen, ist die Gravitationskraft, die Anziehungskraft, die Schwerkraft, die uns mit beiden Beinen auf dem Boden stehen läßt. Kaum weniger bekannt und weniger wirkungsvoll ist die elektromagnetische Kraft, die eine Kompaßnadel nach Norden ausrichtet, die aber auch die Atome zusammenhält. Stärker noch als diese elektromagnetische Kraft ist die sogenannte starke Kernkraft, die für den Zusammenhalt der Atomkerne sorgt; etwas schwächer als die elektromagnetische Kraft schließlich ist die schwache Kernkraft, die für die Radioaktivität zuständig ist. Beide Kernkräfte zusammen beginnen wir in Form der Kernenergie zu nutzen.

Überträgt man dieses neue physikalische Verständnis der Natur auf das Universum, so müssen wir feststellen, daß die bei weitem schwächste dieser vier Kräfte, die Schwerkraft, trotz aller erbitterten Widerstände der übrigen Kräfte Sieger bleibt: Gas- und Staubwolken ziehen sich zu Sternen zusammen, die aufgrund atomarer Umwandlungen – also Nutzung der Kernenergie – leuchten, die aber, wenn der Kernbrennstoff verbraucht ist, unter ihrer eigenen Schwerkraft immer weiter zusammenstürzen, ehe sie als kompakter Materieklumpen, als »Sternleiche«, durch das Universum treiben.

Isaac Asimov, den meisten Lesern wahrscheinlich eher als Science-Fiction-Autor bekannt, hat in dem vorliegenden Buch genau diesen »Kraftakt« vollbracht: Er hat das physikalische Kräftebild auf die astronomische »Entwicklungslehre« übertragen und so eine erstaunlich einfache, einleuchtende und faszinierende Geschichte geschrieben – die Lebensgeschichte eines Sterns, ja, die Lebensgeschichte des ganzen Universums.

Weil das neue Kräftebild der Physik vielen Mitmenschen noch wenig geläufig ist, stellt Asimov dieser Geschichte eine kurze Einführung in das Wesen der Kräfte voran. Doch selbst »Insider« sollten sich dieses erste Kapitel nicht entgehen lassen, weil die Art seiner Darstellung auch bei ihnen Anerkennung und Verzückung auslösen dürfte: Wo es um die Popularisierung selbst schwierig erscheinender Zusammenhänge geht, kann man von Asimov lernen. Dies wird auch der physikalisch und astronomisch wenig vorbelastete Leser dankbar erkennen, wenn er die vermeintliche »Hürde« dieses ersten Kapitels genommen hat und nachher auf der »Autobahn zu den Schwarzen Löchern« – um einen Ausdruck von Asimov zu zitieren – bis zum Ende des Buches vorangleitet.

Ob mit dem Ende des Buches auch das Ende des Universums erreicht ist, muß jedoch angesichts des stetig fortschreitenden astronomischen Erkenntnisstandes offenbleiben – schon jetzt gibt es Wissenschaftler, die in den Schwarzen Löchern keineswegs eine endgültige Entwicklungsstufe sehen . . .

Köln, im Frühjahr 1979

Hermann-Michael Hahn

I. Teilchen und Kräfte

Seit 1960 hat sich unser Bild vom Weltall entscheidend verändert: Mit der explosionsartigen Zunahme unseres Wissens wurde das Universum immer aufregender, immer geheimnisvoller, immer stürmischer, immer ungewöhnlicher. Das aufregendste, geheimnisvollste, stürmischste und ungewöhnlichste Objekt hat den denkbar einfachsten und unscheinbarsten Namen – es heißt nur »Schwarzes Loch«.

Ein Loch ist ein Nichts, und wenn es schwarz ist, kann man es nicht einmal sehen. Sollten wir uns wirklich über ein unsichtbares Nichts aufregen?

Ja, wenn in einem Schwarzen Loch die Materie den extremsten Zustand im Universum erreicht, wenn ein solches Schwarzes Loch das Ende des Universums darstellt, wenn es von andersartigen physikalischen Gesetzen bestimmt ist und zur Umgehung dessen neue Methoden eröffnet, was wir bislang als absolute Grenze angesehen haben.

Allerdings müssen wir zum Verständnis des Schwarzen Lochs ganz von vorn beginnen und uns Schritt für Schritt herantasten.

Die vier Kräfte

Die zahllosen Teilchen, die das Universum aufbauen, können sich auf vier verschiedene Weisen gegenseitig beeinflussen. Früher nannte man eine solche gegenseitige Einflußnahme Kraft, heute spricht man von Wechselwirkungen. Bislang konnten die Wissenschaftler keine fünfte Kraft finden, ja nicht einmal Hinweise auf die Notwendigkeit einer solchen Erweiterung.

Tabelle 1 enthält die vier Kräfte nach ihrer Stärke geordnet.

Jedes Teilchen im Universum kann eine oder mehrere dieser Kräfte ausüben. Man kann es sich vorstellen als Mittelpunkt eines Raumbereichs, in dem die Kraft wirksam ist; sie nimmt mit wachsendem Abstand ab. Dieser Raumbereich wird auch Kraftfeld genannt.

Jedes Teilchen, von dem ein solches Kraftfeld ausgeht, reagiert umgekehrt natürlich

Tabelle 1: Relative Stärke der vier Kräfte

Kraft	*Relative Stärke**
Starke Kernkraft	10^3
Elektromagnetische Kraft	1
Schwache Kernkraft	10^{-11}
Gravitationskraft	10^{-39}

auch auf das Kraftfeld eines anderen Teilchens. Diese Reaktion ist normalerweise eine Bewegung: Entweder bewegen sich beide Teilchen aufeinander zu (anziehende Kraft) oder voneinander weg (abstoßende Kraft), sofern sie nicht durch irgendeine übergeordnete Struktur daran gehindert werden.

Somit wird jedes Objekt, das in der Lage ist, ein Schwerefeld zu erzeugen, sich im Schwerefeld der Erde in Richtung Erdmittelpunkt bewegen – es fällt. Natürlich wird sich auch die Erde ein wenig in Richtung auf das Zentrum des Objekts zu bewegen; aber solange sie viel größer ist als der fallende Gegenstand, wird sie sich entsprechend viel langsamer bewegen; bei Objekten des täglichen Gebrauchs unmeßbar langsam.

Zwei der vier Kräfte, die Kernkraft und die schwache Kraft, sind nur in unmittelbarer Umgebung der Quelle wirksam. Ihre Reichweite ist kleiner als 10^{-13} Zentimeter. Dies ist gerade der Durchmesser eines winzigen Atomkerns. Die Kräfte sind also nur im Bereich eines Atomkerns oder in der direkten Nachbarschaft einzelner Kernteilchen von Bedeutung. Aus diesem Grunde faßt man die starke Kernkraft und die schwache Kraft gelegentlich auch unter dem Oberbegriff Kernkräfte zusammen. Der schwachen Kernkraft werden wir in diesem Buch kaum begegnen, und so werden wir die stärkere der beiden Kräfte einfach Kernkraft nennen.

Ein bestimmtes Teilchen kann nun nicht jede Kraft ausüben oder auf sie reagieren. Nur ganz bestimmte Partikel unterliegen beispielsweise der Kernkraft. Man nennt sie Hadronen nach dem griechischen Wort für »stark«. Die beiden häufigsten Hadronen sind die beiden Kernteilchen Proton und Neutron.

* Wir verwenden in diesem Buch die sogenannte Exponentialschreibweise, bei der die Hochzahl angibt, wieviel Nullen hinter der 1 folgen, also $10^3 = 1000$; negative Exponenten bedeuten, daß man 1 durch die entsprechende Potenz teilen muß, also $10^{-11} = 1/100\,000\,000\,000$ oder 0,00000000001.

Das Proton wurde 1914 von dem britischen Physiker Ernest Rutherford (1871–1937) entdeckt, und sein Name kommt von dem griechischen Wort für »erstes«, denn es war damals das kleinste bekannte Objekt mit einer ganzzahligen positiven elekrischen Ladung. Der englische Physiker James Chadwick (1891–1974) entdeckte 1932 das Neutron. Es besitzt keine elektrische Ladung, weder positiv noch negativ. Anders gesagt: Es ist elektrisch neutral – daher auch sein Name.
Schon 1911 hat Rutherford zeigen können, daß nahezu die gesamte Atommasse auf äußerst kleinem Raum in der Mitte des Atoms konzentriert ist, im Kern. Nachdem die Protonen entdeckt worden waren, zeigte sich, daß sie relativ massive Objekte sind und daher im Kern angesiedelt werden mußten. Die Zahl der Protonen ist je nach Atomsorte verschieden: Das Wasserstoffatom hat ein einziges Proton in seinem Kern, ein Heliumatom zwei, ein Lithiumatom drei, und so weiter bis hin zum Uranatom, das 92 besitzt. Atome mit noch mehr Protonen konnten im Laboratorium künstlich hergestellt werden.
Aber was hält all die Protonen im Kern zusammen, wo sie wie Ölsardinen in einer Dose gequetscht sind?
Vor 1935 kannte man nur zwei Kräfte, die elektromagnetische Kraft und die Schwerkraft. Die Schwerkraft ist zu schwach, um die Protonen zusammenzuhalten. Die elektromagnetische Kraft ist zwar stark genug, aber sie wirkt entweder anziehend oder abstoßend. Teilchen mit entgegengesetzter elektrischer Ladung (plus und minus) ziehen sich gegenseitig an, Teilchen gleicher Ladung (plus und plus, minus und minus) erfahren eine Abstoßung. Protonen sind alle elektrisch positiv geladen und müßten sich daher gegenseitig abstoßen, und zwar um so mehr, je näher sie zusammenstehen. In einem Atomkern, wo die Protonen förmlich zusammengepreßt werden, so daß sie sich nahezu gegenseitig berühren, ist die elektromagnetische Abstoßung ungeheuer groß, und trotzdem bleiben die Protonen zusammen.
Daneben gibt es auch noch Neutronen im Kern, aber das ändert wenig an der Situation. Da sie elektrisch neutral sind, unterliegen sie auch nicht der elektromagnetischen Wechselwirkung. Entsprechend können sie Protonen weder anziehen noch

abstoßen. Sie vermögen also die Protonen auch nicht beisammenzuhalten oder ihre Trennung zu beschleunigen.

1935 entwickelte dann der japanische Physiker Hideki Yukawa (geboren 1907) eine plausible Theorie der Kernkraft. Er zeigte, daß Protonen und Neutronen eine starke gegenseitige Anziehungskraft entwickeln können, die jedoch nur über sehr kleine Entfernungen wirksam ist. Diese Anziehungskraft ist tausendmal stärker als die elektromagnetische Abstoßung. Was die Kernkraft zusammenbindet, kann die elektromagnetische Kraft nicht trennen.

Die Kernkraft »arbeitet« aber nur dann zufriedenstellend und kann einen Atomkern nur dann stabilisieren, wenn Protonen und Neutronen in einem bestimmten Verhältnis zusammenkommen. Für Atome, deren Kerne bis zu vierzig Teilchen enthalten, scheint das beste Verhältnis eine gleiche Anzahl von Protonen und Neutronen zu sein. Komplexere Atomkerne brauchen dagegen eine Überzahl von Neutronen, die mit steigender Protonenzahl immer größer werden muß. Ein Goldatomkern enthält beispielsweise 79 Protonen und 118 Neutronen.

Ein Atomkern, bei dem Protonen und Neutronen in einem anderen Verhältnis zueinander stehen, bleibt nicht stabil. Kleine »Betateilchen« werden unter dem Einfluß der schwachen Kernkraft so lange abgegeben, bis ein »stabiles Zahlenverhältnis« erreicht ist. Es gibt noch andere Möglichkeiten der Kernumwandlung; sie alle werden unter dem Oberbegriff Radioaktivität zusammengefaßt.

So stark die Kernkraft auch sein mag, sie hat ihre Grenzen: Ihre Intensität nimmt mit wachsendem Abstand sehr rasch ab, und schon außerhalb des Atomkerns ist nichts mehr von ihr zu spüren. Ihre Wirkung reicht bei größeren Atomkernen kaum vom einen zum anderen Rand. Auch die elektromagnetische Wechselwirkung wird mit wachsendem Abstand schwächer, aber viel langsamer. Die Größe des Atomkernes ist begrenzt, da sonst die elektromagnetische Abstoßung auf ein Teilchen am anderen Ende des Kernes die Kernkraft übertreffen könnte. Deshalb sind Atomkerne so unvorstellbar klein: Die Kernkraft reicht einfach nicht aus, um größere Atomkerne stabil zu halten, es sei denn unter ganz ungewöhnlichen Bedingungen, auf die wir noch später im Buch zurückkommen werden.

Wir wollen uns nun ein wenig mit der elektromagnetischen Wechselwirkung beschäftigen, der, wie wir schon wissen, nur Teilchen irgendeiner elektrischen Ladung unterliegen. Es gibt zwei mögliche Ladungszustände: positiv und negativ. Die Kraft zwischen positiv und negativ ist anziehend, während die Kraft zwischen positiv und positiv oder negativ und negativ abstoßend wirkt. Das Proton reagiert mit seiner positiven elektrischen Ladung auf starke und elektromagnetische Wechselwirkung. Das Neutron, das elektrisch neutral ist, gehorcht dagegen nur der Kernkraft.

Daneben gibt es noch sogenannte Leptonen, benannt nach dem griechischen Wort für schwach; sie reagieren über die schwache Kernkraft miteinander. Einige Leptonen sind zusätzlich elektrisch geladen; sie üben damit auch elektromagnetischen Einfluß aus.

Das wichtigste Lepton im Bereich normaler Materie ist das Elektron, das eine negative elektrische Ladung trägt. Die Betateilchen, die von instabilen Atomkernen unter Einfluß der schwachen Wechselwirkung abgegeben werden, konnten als schnelle Elektronen identifiziert werden. Das Elektron wurde 1897 von dem englischen Physiker Joseph John Thomson (1856–1940) entdeckt, und es erhielt seinen Namen, weil es die kleinste ganzzahlige negative elektrische Ladung trägt.

Unser bisheriges Wissen können wir nun in Tabelle 2 zusammenfassen.

Tabelle 2: Teilchen und Kräfte

	Proton	*Neutron*	*Elektron*
Kernkraft	ja	ja	nein
Elektromagnetische Kraft	ja	nein	ja

Anmerkung: Darüber hinaus gibt es noch elektronähnliche Teilchen mit positiver elektrischer Ladung, sie werden Antielektronen oder Positronen genannt. Ein Proton mit negativer elektrischer Ladung heißt Antiproton, ein Neutron mit bestimmten anderen umgekehrten Eigenschaften Antineutron. Sie alle werden unter dem Begriff Antiteilchen zusammengefaßt. Aus ihnen setzt sich die sogenannte Antimaterie zusammen, die man im Labor bereits in winzigen Mengen erzeugt hat. Es ist denkbar, daß auch Teile des Universums aus Antimaterie bestehen, doch haben Wissenschaftler bislang noch keine konkreten Hinweise darauf gefunden.

Atome

Da Elektronen der Kernkraft nicht unterliegen, können sie auch nicht zur Bildung des Atomkerns beitragen. Andererseits wird ein Elektron aufgrund der elektromagnetischen Wechselwirkung von einem Proton angezogen, und es ist bestrebt, in seiner Nähe zu bleiben. Wenn daher ein Atomkern aus einem einzigen Proton besteht, ist anzunehmen, daß die elektromagnetische Wechselwirkung ein einzelnes Elektron in seiner Nähe hält. Zwei Protonen würden dementsprechend zwei Elektronen anziehen, und so weiter.

Der Atomkern und die ihn umgebenden Elektronen bilden gemeinsam das Atom. Dieser Name stammt von dem griechischen Wort für unteilbar; man glaubte zunächst, daß Atome die kleinste, unteilbare Einheit der Materie wären.

Die Ladung von Elektron und Proton ist zwar entgegengesetzt, aber von gleicher »Menge«. Wenn daher ein Atomkern x Protonen enthält, bedeutet die Anwesenheit von x Elektronen in der unittelbaren Nachbarschaft, daß sich die elektrischen Ladungen aufheben; das Atom als Ganzes ist elektrisch neutral.

Obwohl Elektron und Proton die gleiche elektrische Ladungsmenge besitzen, unterscheiden sie sich in ihrer Masse. Das Proton ist 1836,11mal »schwerer« als ein Elektron*.

* Wenn wir sagen, daß ein Objekt Masse besitzt, dann meinen wir, daß man eine Kraft aufbringen muß, wenn man seine Bewegung ändern will (es aus dem ruhenden Zustand in Bewegung versetzen oder seine Geschwindigkeit oder Richtung verändern); dabei muß die Kraft um so größer sein, je größer die Masse ist. Im Alltagsleben auf der Erde empfinden wir die Masse eines Objekts als Gewicht – je massereicher ein Körper ist, desto schwerer ist er. Doch Masse und Gewicht sind nicht identisch, und obwohl die Bedeutung klar ist, wenn wir sagen, das Proton sei viel schwerer als das Elektron, müßten wir eigentlich sagen, daß es »massereicher« ist.

Bei einem Atom mit 20 Protonen und 20 Neutronen im Kern und 20 Elektronen im »Außenbezirk« (Kalziumatom) ist die elektrische Ladungsmenge auf Kern und Hülle »gleichverteilt«, aber mehr als 99,97 Prozent der Masse sind im Kern konzentriert.

Doch obwohl der Kern nahezu die gesamte Masse eines Atoms enthält, füllt er nur einen winzigen Bruchteil des Atomvolumens: Der Durchmesser eines Atomkernes liegt bei 10^{-13} Zentimeter, während das ganze Atom rund einhunderttausendmal größer ist. Man müßte also 100000 Atomkerne wie Perlen auf eine Schnur reihen, um den Atomdurchmesser zu erhalten. Wollte man das ganze Volumen eines einzigen Atomes mit Kernen ausfüllen, so brauchte man dazu eine Billiarde Atomkerne.

Betrachten wir nun einmal zwei Atome. Jedes von ihnen ist elektrisch neutral. Wir vermuten also, daß sie sich gegenseitig nicht beeinflussen, daß sie gewissermaßen nichts von der Existenz des jeweils anderen Atomes erfahren, zumindest, was die elektromagnetische Kraft angeht. Dies stimmt jedoch nur für den Idealfall. Denn die elektromagnetische Kraft wäre nur dann »ausgeschaltet«, wenn in allen Atomen die Ladung der Elektronen absolut gleichmäßig über den Atomraum verteilt und die positive Ladung im Atomkern ebenso gleichmäßig mit der negativen Ladung der Elektronen vermischt wäre.

Das ist jedoch nicht der Fall. Die negative Ladung der Elektronen ist auf den Außenteil des Atoms konzentriert, die positive Ladung im Innern durch sie abgeschirmt. Wenn sich zwei Atome aufeinander zubewegen, nähern sich daher im wesentlichen die beiden negativ geladenen Außenbezirke, und die stoßen einander ab. Das aber heißt, daß sich zwei Atome nur so nahe kommen können, bis sie aufgrund dieser elektromagnetischen Abstoßung abgelenkt werden.

Heliumgas besteht beispielsweise aus zahlreichen einzelnen Atomen, die sich in dem vorgegebenen Volumen ständig bewegen und dabei fortwährend zusammenprallen. Bei normalen Temperaturen ist die Geschwindigkeit der Teilchen recht groß, und entsprechend stoßen sie ziemlich heftig zusammen.

Je weiter die Temperatur absinkt, desto langsamer wird die Bewegung der Atome,

und desto schwächer werfen sie sich gegenseitig aus der Bahn. Die Atome des Heliumgases rücken enger zusammen, das Gas wird dichter und beansprucht weniger Raum.
Umgekehrt werden die Atome bei steigender Temperatur noch schneller, werden ihre Zusammenstöße noch heftiger, und das Gas dehnt sich aus.
Während die Teilchengeschwindigkeit nach oben zunächst unbegrenzt erscheint, ist die untere Grenze leicht einzusehen. Wenn die Temperatur nur weit genug sinkt, wird ein Punkt erreicht, an dem die Atome sich so langsam bewegen, daß man ihnen keine weitere Energie entziehen kann. Dann ist der absolute Nullpunkt bei minus 273,16 Grad Celsius erreicht.
Die Verteilung der elektrischen Ladung innerhalb eines Heliumatoms ist zwar ziemlich symmetrisch, aber eben doch nicht absolut. Die elektrische Ladung ist nicht vollkommen gleichmäßig »verschmiert«, und die Folge davon ist, daß die »Atomoberfläche« nicht überall gleich negativ geladen ist. An diesen Stellen »scheint« die innere positive Ladung durch, so daß sich zwei benachbarte Atome gegenseitig ganz schwach anziehen. Diese Erscheinung kennt man unter dem Begriff »Van der Waals-Kräfte«; sie wurde von dem niederländischen Physiker Johannes Diderik van der Waals (1837–1923) zuerst beschrieben. Wenn die Temperatur sinkt und die Heliumatome sich immer langsamer bewegen, wird der Punkt erreicht, bei dem die Van der Waals-Kräfte an Einfluß gewinnen. Die Atome verbinden sich miteinander, und Helium wird flüssig.
Da die Van der Waals-Kräfte im nahezu völlig symmetrisch aufgebauten Heliumatom sehr schwach sind, muß die Temperatur bis auf 4,3 Grad über dem absoluten Nullpunkt sinken, ehe sich Helium verflüssigt. Die Ladungsverteilung bei den Atomen aller anderen Gase ist weit weniger symmetrisch, so daß hier viel stärkere Van der Waals-Kräfte auftreten und die Gase schon bei höheren Temperaturen in den flüssigen Zustand übergehen.
Mitunter können sich Atome gegenseitig auch stärker anziehen: Die Elektronen in den Außenbezirken sind auf »Schalen« angeordnet, und es gibt das Bestreben, die Schalen möglichst alle voll zu besetzen. Mit Ausnahme von Helium und einigen

wenigen anderen Elementen haben die Atome auf ihrer äußersten Schale jedoch mehr oder weniger »Leerstellen«.
Begegnen sich daher zwei Atome, so werden sie versuchen, ihre nur teilweise besetzten Außenschalen zu vereinen: Jenes Atom, das nur über ein oder zwei Elektronen in der äußeren Schale verfügt, gibt diese an das andere ab, das ein oder zwei Leerstellen aufweist. Auf diese Weise erhalten beide Atome eine vollbesetzte Außenschale. Das eine, das Elektronen hinzubekommt, hat nun einen Elektronenüberschuß, das andere ein Defizit. Beide Atome haben also ihre elektrische Neutralität verloren. Das eine erscheint elektrisch negativ geladen, das andere elektrisch positiv, und daher ziehen sie sich jetzt gegenseitig an.
Zwei andere Atome, die gleichviele Leerstellen in der Außenschale besitzen, können sich Elektronen gegenseitig »leihen«, teilen, um so wechselweise mal die eine, mal die andere Außenschale aufzufüllen.
In beiden Fällen, beim Elektronenaustausch oder bei der Elektronenausleihe, erfordert es einiges an Energie, um die so verbundenen Atome wieder zu trennen. Unter normalen Umständen bleiben sie vereint. Solche Atomverbindungen werden Moleküle genannt nach dem lateinischen Wort für kleines Objekt.
Manchmal reichen bereits zwei Atome, um eine gemeinsame Stabilität zu ermöglichen: Zwei Wasserstoffatome bilden ein Wasserstoffmolekül, zwei Stickstoffatome ein Stickstoffmolekül, zwei Sauerstoffatome ein Sauerstoffmolekül. In anderen Fällen sind mehr als zwei Atome erforderlich, um alle Außenschalen aufzufüllen. Das Wassermolekül beispielsweise besteht aus einem Sauerstoffatom und zwei Wasserstoffatomen. Das Methanmolekül setzt sich aus vier Wasserstoffatomen und einem Kohlenstoffatom zusammen, das Kohlendioxid enthält zwei Sauerstoffatome und ein Kohlenstoffatom.
Es gibt aber auch Fälle, in denen Millionen von Atomen ein Molekül bilden. Das liegt daran, daß Kohlenstoff seine Elektronen mit vier anderen Atomen teilen kann. So können lange Ketten und komplizierte Ringstrukturen von Kohlenstoffatomen entstehen. Solche Ringe und Ketten bilden die Grundbausteine der Moleküle, aus denen die lebenden Zellen zusammengesetzt sind. Proteine und Nukleinsäuren im

menschlichen Körper und in allen anderen Lebewesen sind Beispiele solcher Makromoleküle (makro kommt von dem griechischen Wort für groß).

Atomverbindungen, bei denen die Elektronen ausgetauscht wurden, können zur Bildung von Kristallen führen, in denen ungezählte Atome gradlinig angeordnet sind.

Zusammenfassend kann man sagen: Je größer ein Molekül und je ungleichförmiger seine Ladungsverteilung, um so eher verbinden sich viele Moleküle, wobei die Substanz flüssig oder fest wird.

Alle festen Körper in unserer Umgebung werden in mehrfacher Weise durch die elektromagnetische Kraft zusammengehalten, durch die Anziehung zwischen Elektronen und Protonen, die Anziehung zwischen den verschiedenen Atomen und dann durch die Anziehung zwischen den verschiedenen Molekülen. Darüber hinaus reicht diese Fähigkeit der elektromagnetischen Kraft, Myriaden von Teilchen zusammenzuhalten, unendlich weit. Die Kernkraft, deren Anziehung mit wachsendem Abstand stark abnimmt, kann nur die winzigen Atomkerne zusammenhalten. Die elektromagnetische Kraft dagegen, die mit der Entfernung sehr viel langsamer abnimmt, kann nahezu alles zusammenhalten, Staubteilchen ebenso wie Berge, ja selbst Körper von der Größe der Erde und darüber hinaus.

Die elektromagnetische Kraft beeinflußt unsere Umwelt in vielfältiger Weise. Jede chemische Umwandlung ist das Ergebnis von Elektronenbewegungen oder -austausch zwischen den Atomen. Dazu gehören auch die winzigen und vielfältigen Elektronenbewegungen und -austausche im Zellgewebe der Lebewesen. Alle Veränderungen, die in uns stattfinden, die Verwertung der Nahrung, die Kontraktion eines Muskels, das Wachstum neuen Gewebes, die Fortpflanzung von Nervenimpulsen, der Vorgang des Denkens – alles wird von der elektromagnetischen Kraft geprägt.

Bei einigen dieser Prozesse wird ein beträchtlicher Energiebetrag freigesetzt. Die Wärme, die von einer brennenden Kohle- oder Ölflamme ausgeht, aber auch die Körpertemperatur lebenden Gewebes, ist auf kontrollierte Einwirkungen der elektromagnetischen Kraft zurückzuführen.

Dichte

Wenn die Atome und Moleküle einer vorgegebenen Materiemenge sich aufgrund steigender Temperatur weiter voneinander entfernen, nimmt die Zahl der Teilchen pro Raumeinheit ab. Das Umgekehrte ist der Fall, wenn die Teilchen näher zusammenrücken.

Die Materiemenge in einem bestimmten Volumen wird durch die Dichte gekennzeichnet. Wenn ein Körper sich ausdehnt, kann man daher auch sagen, seine Dichte nimmt ab, und wenn er sich zusammenzieht, nimmt die Dichte zu.

Zur Angabe der Dichte muß man also die Masse und das Volumen des Körpers kennen. Ein Kubikzentimeter Wasser hat beispielsweise die Masse von 1 Gramm (die Einheit »Gramm« wurde gegen Ende des 18. Jahrhunderts so gewählt, daß ein Kubikzentimeter Wasser gerade ein Gramm Masse besitzt); Wasser hat somit die Dichte von einem Gramm pro Kubikzentimeter, abgekürzt: $1\ g/cm^3$.

Unterschiede in der Dichte sind aber nicht nur auf Kontraktion oder Expansion zurückzuführen: Die Dichtewerte verschiedener Substanzen weichen vor allem aufgrund der ihnen eigenen Atom- oder Molekülstrukturen voneinander ab. Gase haben zum Beispiel eine sehr viel geringere Dichte als Flüssigkeiten, weil Gase aus einzelnen Atomen oder Molekülen bestehen, zwischen denen es kaum Anziehungskräfte gibt. Während Flüssigkeitsmoleküle scheinbar miteinander verbunden sind, stoßen die Atome oder Moleküle von Gasen infolge ihrer raschen Bewegung heftig zusammen und halten sich so auf Distanz. Der größte Teil des Volumens, den ein Gas beansprucht, geht daher zu Lasten des leeren Raumes zwischen den Atomen und Molekülen.

Wasserstoffgas hätte auf der Erde unter normalen Temperatur- und Druckbedingungen beispielsweise eine Dichte von ungefähr 0,00009 Gramm pro Kubikzentimeter. Flüssiges Wasser ist rund elftausendmal dichter.

Die Dichte von Wasserstoff kann aber noch geringere Werte annehmen, wenn sich die Wasserstoffmoleküle weiter voneinander entfernen dürfen. Im Weltraum, im Bereich zwischen den Sternen beispielsweise, ist die Materie so dünn verteilt, daß im Durchschnitt nur ein Wasserstoffatom pro Kubikzentimeter anzutreffen ist. Die mittlere Dichte dort draußen beträgt also etwa $1{,}7 \times 10^{-24}$ Gramm pro Kubikzentimeter (0,00 000 000 000 000 000 000 000 17 g/cm³). Sie ist in der Tat äußerst gering. Wasser ist im Vergleich dazu 600 Trilliarden mal dichter. Man kann sich leicht denken, daß die Dichtewerte einzelner Gase stark voneinander abweichen. Unter gleichen Druck- und Temperaturbedingungen ist der Raum zwischen den einzelnen Atomen oder Molekülen nämlich bei allen Gasen gleich, so daß die Dichte einzig von der Masse der Gasatome oder -moleküle abhängt. Vergleicht man zwei Gase, deren Molekülmassen sich um den Faktor drei unterscheiden, dann ist auch die Dichte des einen Gases dreimal höher als die des anderen. Ein Gas mit relativ »massiven« Molekülen ist zum Beispiel Uranhexafluorid: Jedes Molekül besteht aus einem Uranatom und sechs Fluoratomen. Zusammen enthält es 352 Protonen und Neutronen, 176mal mehr als das zweiatomige Wasserstoffmolekül. Uranhexafluorid ist eine Flüssigkeit, die bei geringer Erwärmung verdampft, und die Dichte dieses Gases liegt bei rund 0,016 Gramm pro Kubikzentimeter. Flüssiges Wasser ist nur noch etwa 62,5mal dichter als dieses Gas.

Trotzdem ist jedes Gas, selbst Uranhexafluorid, im wesentlichen leerer Raum. Wenn ein Gas verdichtet wird, zum Beispiel in einem Druckluftbehälter, dessen Wände zusammengepreßt werden, spüren auch die Moleküle einen höheren Druck und rücken enger zusammen; die Gasdichte steigt. Den gleichen Effekt erreicht man noch viel einfacher, wenn man die Temperatur verringert. Wir hatten schon gesehen, daß dann die Moleküle immer näher zusammenkommen, bis sich bei hinreichend niedriger Temperatur das Gas verflüssigt.

Wasserstoff wird aber nicht nur flüssig, sondern kann bei 14 Grad über dem absoluten Nullpunkt gefrieren. Die Moleküle haben dann nicht nur eine schwache Verbindung untereinander, sondern bleiben räumlich mehr oder minder fest zueinander angeordnet, so daß Wasserstoff dann als Festkörper anzusehen ist.

Fester Wasserstoff hat die geringste Dichte, die ein Festkörper haben kann: 0,09 Gramm pro Kubikzentimeter, etwas weniger als ein Zehntel von gefrorenem Wasser. Dennoch ist fester Wasserstoff trotz seiner geringen Dichte immer noch mehr als fünfmal dichter als das ohnehin schon sehr dichte Gas Uranhexafluorid.

Allgemein kann man sagen, daß die Dichte von Flüssigkeiten und Festkörpern im gleichen Maße steigt, in dem die Masse der Atome oder Moleküle, aus denen sie bestehen, zunimmt. Normalerweise ist ein Festkörper aus massereichen Atomen dichter als einer, dessen Atome weniger Masse besitzen. Normalerweise – aber nicht immer. Die Situation ist hier etwas komplexer als bei den Gasen.
Die Massenverhältnisse verschiedener Atomsorten werden durch das sogenannte Atomgewicht angegeben. Da das Atomgewicht von Wasserstoff ungefähr eins ist, kann man aus dem Atomgewicht aller anderen Elemente ablesen, wievielmal massereicher die einzelnen Atome im Vergleich zum Wasserstoffatom sind. Aluminium hat beispielsweise ein Atomgewicht von ungefähr 27, Eisen dagegen ist annähernd 56mal massereicher als Wasserstoff, also etwas mehr als doppelt so »schwer« wie Aluminium.
Trotzdem beträgt die Dichte von Eisen rund 7,85 Gramm pro Kubikzentimeter, während die des Aluminiums bei 2,7 Gramm pro Kubikzentimeter liegt. Eisen ist also fast dreimal so dicht wie Aluminium.
Wenn aber Eisen aus doppelt so massereichen Atomen besteht wie Aluminium, warum ist es dann dreimal so dicht? Warum nicht nur zweimal dichter?
Das liegt daran, weil jetzt auch noch andere Faktoren ins Spiel kommen. Es hängt zum Beispiel davon ab, wieviel Platz die Elektronen einer bestimmten Atomsorte benötigen und wie dicht die Atome gepackt sind. Atome, deren Elektronen sich auf langgestreckten Ellipsenbahnen um den Kern bewegen, sind weniger kompakt angeordnet, als man von ihrer Masse her annehmen würde, die ja, wie wir gesehen hatten, im wesentlichen im Atomkern konzentriert ist. Da aber die Elektronen den Raumbedarf eines Atoms bestimmen, spielt ihre Anordnung bei der Dichte eines Materials eine wichtige Rolle.
Cäsium beispielsweise mit einem Atomgewicht von knapp 133 hat eine Dichte von nur 1,873 Gramm pro Kubikzentimeter, weil bei diesem Element die Elektronen viel Platz beanspruchen. Kupferatome dagegen sind weniger verschwenderisch: Trotz des nicht einmal halb so großen Atomgewichtes von 63,54 hat Kupfer eine Dichte von 8,95 Gramm pro Kubikzentimeter, ist also fast fünfmal dichter als Cäsium.

Auf der Suche nach der Substanz mit der größten Dichte muß man daher schon bei den massiveren Atomen beginnen, aber nicht unbedingt bei den massereichsten. Das »schwerste« Atom, das in der Natur vorkommt, ist Uran mit einem Atomgewicht von 238,07; seine Dichte liegt bei 18,68 Gramm pro Kubikzentimeter, etwa doppelt so hoch wie die von Kupfer. Aber das ist noch nicht die obere Grenze. Nicht weniger als vier Elemente übertreffen Uran in ihrer Dichte. Sie sind in Tabelle 3 aufgeführt.

Tabelle 3: Elemente mit hoher Dichte

Element	*Atomgewicht*	*Dichte (g/cm³)*
Uran	238,07	18,68
Gold	197,0	19,32
Platin	195,09	21,37
Iridium	192,2	22,42
Osmium	190,2	22,48

Das seltene Metall Osmium ist der Rekordhalter. Es ist das dichteste Element, das in der Erdkruste vorkommt. Bestünden unsere Fünfmarkstücke aus reinem Osmium, so würde jedes von ihnen rund 30 Gramm wiegen, dreimal mehr als die »handelsüblichen« Münzen.

Gravitation

Bislang haben wir in diesem Buch schon eine ganze Menge über die (starke) Kernkraft und die elektromagnetische Kraft gesprochen, und wir haben die schwache Kernkraft für unseren Zusammenhang als relativ unwichtig beiseite gelassen. Die Gravitationswechselwirkung, die Schwerkraft, ist auf den vorangegangenen Seiten ebenfalls kaum aufgetaucht, obwohl sie für das, von dem unser Buch handeln soll, die wichtigste Kraft ist. Sie wird uns also in Zukunft so oft begegnen, daß wir nicht immer von der umständlich langen Gravitationswechselwirkung reden wollen, sondern sie kurz Gravitation oder wie eben schon Schwerkraft nennen werden. Die Gravitation »berührt« alle Teilchen mit Masse, Hadronen, Leptonen und jede Kombination von beiden – das heißt also, die Schwerkraft hält Himmel und Erde zusammen*. Wir können nun Tabelle 2 zu Tabelle 4 erweitern, indem wir die schwache Kernkraft und die Gravitation hinzufügen.

Tabelle 4: Teilchen und die vier Kräfte

	Proton	*Neutron*	*Elektron*
Starke Kernkraft	ja	ja	nein
Elektromagnetische Kraft	ja	nein	ja
Schwache Kernkraft	nein	nein	ja
Gravitationskraft	ja	ja	ja

Von allen vier Kräften ist die Gravitation die bei weitem schwächste, wie wir schon in Tabelle 1 gesehen hatten. Mit ein paar einfachen mathematischen Überlegungen wollen wir uns das einmal klarmachen.

Wenn wir uns zwei Körper allein im Universum vorstellen, dann kann man ihre gegenseitige Anziehung durch eine Gleichung beschreiben, die 1687 zum ersten Mal von dem englischen Wissenschaftler Isaac Newton (1642–1727) formuliert wurde:

$$F_G = \frac{G\, m_1 m_2}{r^2} \qquad \text{(Gleichung 1)}$$

In dieser Gleichung ist F_G die Intensität der Gravitationskraft zwischen beiden Körpern, m_1 die Masse des einen, m_2 die Masse des anderen Körpers, r die Entfernung zwischen beiden und G die »universelle Gravitationskonstante«.

* Es gibt einige »masselose« Teilchen, die im »herkömmlichen Sinne« von der Schwerkraft nicht betroffen sind. Zu ihnen zählen die Lichtteilchen, die »Photonen«, und die Neutrinos, elektrisch neutrale Partikel. Im Rahmen der allgemeinen Relativitätstheorie unterliegen sie aber wohl der Gravitation, wie wir im weiteren Verlauf des Buches noch sehen werden.

Bei der Wahl der Maßeinheiten müssen wir darauf achten, daß sie zusammenpassen: Entweder messen wir Massen in Gramm und Entfernungen in Zentimetern oder Massen in Kilogramm und Entfernungen in Metern. Im einen Fall sprechen wir vom cgs-System, im anderen vom mks-System; die Zeit wird immer in Sekunden gemessen. Die Gravitationskonstante hat eine etwas kompliziertere Einheit, die uns in diesem Zusammenhang nicht weiter zu interessieren braucht. Auf jeden Fall erhalten wir für die Kraft im mks-System die Einheit Newton, die seit dem 1. Januar 1978 allgemein gültig ist.
Soweit wir heute wissen, ist die Gravitationskonstante im ganzen Universum gleich groß, daher auch »universelle Gravitationskonstante«. Ihr Wert ist im mks-System $6{,}67 \times 10^{-11}$. Nehmen wir einmal an, daß unsere beiden Körper genau einen Meter voneinander entfernt sind, so daß $r = 1$ und daher auch $r^2 = r \times r = 1 \times 1 = 1$. Dann können wir Gleichung 1 schreiben als

$$F_G = 6{,}67 \times 10^{-11}\, m_1 m_2 \qquad \text{(Gleichung 2)}$$

Nehmen wir weiter an, daß es sich bei den beiden Objekten um ein Elektron und ein Proton handelt. Die Masse des Elektrons, m_1, ist $9{,}1 \times 10^{-31}$ Kilogramm, die Masse des Protons, m_2, ist $1{,}7 \times 10^{-27}$ Kilogramm. Wenn wir beide Zahlen miteinander multiplizieren und dann noch den Faktor $6{,}67 \times 10^{-11}$ berücksichtigen, erhalten wir als Produkt rund 1×10^{-67} Newton; »ausgeschrieben« wird das zu
0,00 000 000 000 000 000 000 000 000 000 000 000 000 000 000 000 000 000 000 000 000 000 000 01
Newton – hier zeigt sich deutlich der Vorteil der Exponentialschreibweise! Wir können also sagen, daß die Schwerkraft zwischen einem Proton und einem ein Meter entfernten Elektron beschrieben werden kann durch

$$F_G = 1 \times 10^{-67}\, \textit{Newton} \qquad \text{(Gleichung 3)}$$

Die gleiche Rechnung wollen wir nun für die elektromagnetische Kraft anstellen. Genau einhundert Jahre, nachdem Newton die Gleichung für die Gravitation aufgestellt hatte, konnte der französische Physiker Charles Augustin de Coulomb (1736–1806) zeigen, daß für die Intensität der elektromagnetischen Kraft eine sehr ähnliche Beziehung gilt:

$$F_E = \frac{E\, q_1 q_2}{r^2} \qquad \text{(Gleichung 4)}$$

In dieser Gleichung ist F_E die Intensität der elektromagnetischen Kraft zwischen den beiden Objekten, q_1 die Ladung des einen Körpers, q_2 die des anderen, r wieder der Abstand zwischen beiden und E – ähnlich wie die Gravitationskonstante G – eine »elektromagnetische Konstante« (diese Gleichung ist so jedoch nur gültig, solange sich die beiden Körper im Vakuum befinden, aber das hatten wir ja vorausgesetzt, da sie die beiden einzigen Objekte im Universum sein sollten). Auch in diesem Fall wird der Abstand in Metern gemessen, während die elektrische Ladung in Coulomb angegeben werden muß; E hat dann den Zahlenwert $8{,}98 \times 10^9$. Wenn wir diese Einheiten benutzen, erhalten wir die Kraft wieder in Newton.
Wieder sollen beide Körper einen Meter voneinander entfernt sein, so daß $r^2 = 1$; dann läßt sich Gleichung 4 schreiben als

$$F_E = E\, q_1 q_2 \qquad \text{(Gleichung 5)}$$

Betrachten wir wieder ein Elektron und ein Proton, so müssen wir für q_1 und q_2 jeweils den gleichen Wert einsetzen, nämlich $1{,}6 \times 10^{-19}$ Coulomb. Das Produkt aus beiden, multipliziert mit E, ergibt $2{,}3 \times 10^{-28}$ Newton.
Die elektromagnetische Kraft zwischen einem Proton und einem ein Meter entfernten Elektron ist also

$$F_E = 2{,}3 \times 10^{-28}\ \textit{Newton} \qquad \text{(Gleichung 6)}$$

Wenn wir herausfinden wollen, wievielmal stärker die elektromagnetische Kraft im Verhältnis zur Gravitation ist, brauchen wir nur F_E durch F_G zu dividieren. Da

beide Kräfte in Newton angegeben sind, heben sich die Einheiten auf, und wir erhalten einen »reinen« Zahlenwert ohne Maßeinheit.
Wenn wir also Gleichung 6 durch Gleichung 3 dividieren, so bekommen wir

$$\frac{F_E}{F_G} = \frac{2,3 \times 10^{-28}}{1 \times 10^{-67}} = 2,3 \times 10^{39} \qquad \text{(Gleichung 7)}$$

Mit anderen Worten, die elektromagnetische Wechselwirkung ist 2 300 000 000 000 000 000 000 000 000 000 000 000 000mal stärker als die Schwerkraft.
Um eine Vorstellung von diesem Zahlenverhältnis zu bekommen, wollen wir die Gravitationskraft einmal durch die Masse eines Gramms darstellen. Wie groß müßte dann die Masse sein, die im Verhältnis dazu die elektromagnetische Wechselwirkung »verkörpern« sollte? Es müßte ein Objekt sein, das mehr als eine Million Sonnenmassen enthält!
Vergleichen wir die Gravitationskraft mit dem Durchmesser eines Atoms, so ist im Verhältnis dazu die Entfernung, die die elektromagnetische Kraft darstellen müßte, rund 1 Prozent vom Durchmesser des derzeit bekannten Universums!
Die Schwerkraft ist die bei weitem schwächste der vier Kräfte. Selbst die »schwache« Kernkraft ist noch 10 Quadrilliarden mal stärker als die Schwerkraft.
Es ist daher kaum verwunderlich, daß die Physiker beim Studium der Elementarteilchen zwar die starke Kernkraft, die elektromagnetische Kraft und die schwache Kernkraft berücksichtigen, aber die Schwerkraft völlig ignorieren können. Sie ist so schwach, daß sie die Vorgänge innerhalb der Atome überhaupt nicht meßbar beeinflußt.
Ähnlich ist es in der Chemie. Bei allen chemischen Umwandlungen in Organismen und in der »toten« Materie braucht nur die elektromagnetische Kraft berücksichtigt zu werden – im Falle der Radioaktivität auch noch die starke und die schwache Kernkraft –, niemals jedoch die Schwerkraft. Die Gravitation ist so schwach, daß sie keine meßbaren Einflüsse auf normale chemische Vorgänge ausübt.
Warum also müssen wir uns über die Schwerkraft den Kopf zerbrechen?

Weil sie irgendwie doch da ist und sich trotz ihrer unvorstellbaren Schwäche bemerkbar macht. Wir spüren sie jedesmal, wenn wir fallen. Schon bei einem Sturz aus der verhältnismäßig geringen Höhe einer dritten Etage ist die Überlebenswahrscheinlichkeit gering. Wir wissen, daß die Schwerkraft den Mond in einer Umlaufbahn um die Erde hält und beide zusammen in eine Bahn um die Sonne zwingt. Wie ist dies einer so schwachen Kraft möglich?

Dazu müssen wir alle vier Kräfte noch einmal betrachten. Die beiden Kernkräfte nehmen so rasch mit der Entfernung ab, daß man sie außerhalb eines Atomkernes nicht zu berücksichtigen braucht. Die elektromagnetische Kraft und die Gravitation verlieren dagegen beide nur mit dem Quadrat des Abstandes an Intensität, und das reicht aus, daß man sie noch in großen Entfernungen spüren kann.

Trotzdem gibt es einen entscheidenden Unterschied zwischen beiden Kräften: Wir kennen zwei verschiedene Arten von elektrischer Ladung, aber nur eine »Sorte« Masse.

Im Fall der elektromagnetischen Kraft beobachten wir Anziehung zwischen ungleichen Ladungen und Abstoßung zwischen gleichen Ladungen. Da die elektromagnetische Kraft sehr stark ist, reicht ihre abstoßende Wirkung aus, um gleichgeladene Teilchen zu zerstreuen, so daß sie sich nie an einem bestimmten Platz sammeln können. Gleichzeitig sorgt die Anziehungskraft zwischen entgegengesetzt geladenen Teilchen dafür, daß diese sich recht gut an einem Ort konzentrieren können und so ihre gegenseitigen Ladungen neutralisieren. Beides führt dazu, daß im Endeffekt die positiven und negativen Ladungen, von denen es – soweit wir wissen – im Universum gleich viel gibt, recht gut durchmischt sind, so daß nirgendwo ein Ladungsüberschuß besteht.

Jetzt leuchtet ein, warum auch die elektromagnetische Kraft bei großen Körpern und über große Distanzen nahezu bedeutungslos wird. Sie ist zwar stark genug, um Elektronen in der Umgebung eines Atomkernes festzuhalten; aber zwischen hinreichend großen Objekten beobachten wir kaum eine elektromagnetische Anziehung oder Abstoßung, weil sie beide Arten von Ladungsträgern in derart gleicher Mischung enthalten, daß sie als Ganzes gesehen fast die elektrische Ladung Null besitzen.

Da es aber nur eine »Sorte« von Masse gibt, beobachten wir auch nur Gravitationsanziehung; soweit wir wissen, gibt es keinerlei Gravitationsabstoßung. Jedes Objekt mit Masse zieht jeden anderen Massenkörper an, und die Anziehungskraft zwischen zwei Objekten ist proportional zum Produkt ihrer Massen. Es gibt keine obere Grenze: Je massereicher die Körper, desto stärker die Gravitationskraft zwischen ihnen.

Betrachten wir einmal ein Objekt wie die Erde. Ihre Masse entspricht $3,5 \times 10^{51}$ Protonenmassen; mit anderen Worten, sie hat ein Schwerefeld, daß $3,5 \times 10^{51}$mal stärker ist als das Anziehungsfeld eines Protons, da bei der Gravitationskraft alle Schwerefelder zusammenwirken. Die Erde hat auch elektromagnetische Felder, wobei wiederum jedes Proton und jedes Elektron als eine Quelle betrachtet werden kann. Aber die Protonenfelder und die Elektronenfelder löschen sich gegenseitig weitgehend aus, so daß das Gesamtmagnetfeld der Erde sehr schwach ist. Seine Stärke reicht zwar aus, um die Kompaßnadel nach Norden auszurichten und elektrisch geladene Teilchen, die von der Sonne kommen, abzulenken, aber es ist verhältnismäßig schwach im Vergleich zu der gewaltigen Größe der Erde und der Zahl der in ihr enthaltenen elektrisch geladenen Teilchen.

Obwohl also die Gravitationskraft sehr viel schwächer ist als die elektromagnetische Kraft, wenn es um einzelne Teilchen geht – für die Erde als Ganzes ist sie weit stärker als die elektromagnetische Kraft. Die Schwerkraft der Erde ist so stark, daß man sie fortwährend spürt und von ihr umgebracht werden kann, wenn man nicht achtgibt.

Das gewaltige Schwerefeld der Erde tritt mit dem schwächeren Feld des Mondes in Wechselwirkung, so daß beide Himmelskörper »unzertrennlich« scheinen. Die Anziehungskraft hält die Planeten bei der Sonne, und man kann die gegenseitigen Schwerkrafteinflüsse in den Bahnen der Planeten und bei weit entfernten Sternen beobachten.

Die Schwerkraft und nur sie hält das Universum zusammen und bestimmt die Bewegung aller in ihm enthaltenen Objekte. Alle anderen Kräfte sind räumlich begrenzt. Nur die Schwerkraft, die bei weitem schwächste von allen, ist in der Lage,

durch die Kombination von großer Reichweite und ausschließlicher Anziehung das Schicksal des Universums zu bestimmen.
Und so ist die Gravitation auch der Schlüssel zur jeglicher Betrachtung der Schwarzen Löcher. Wir sind also jetzt auf dem richtigen Wege dorthin und müssen uns nun die einzelnen Stationen ansehen.

II. Die Planeten

Erde

Ein erster Schritt auf dem Weg zu den Schwarzen Löchern war die Bestimmung der Erdmasse. Sie war möglich geworden, nachdem man die Natur der Schwerkraft enträtselt hatte. Gleichwohl ahnte man damals noch nichts von jenen geheimnisvollen Objekten, die am Ende des Weges warteten, am Ende des Weges im zweifachen Sinne: am Ende der Erforschung der Schwerkraft ebenso wie am Ende der Sternentwicklung, die durch die Schwerkraft ja entscheidend bestimmt wird.
Isaac Newton hatte herausgefunden, daß die Schwerkraft eines Körpers von seiner Masse abhängt. Man kann also Masse auch beschreiben als jene Eigenschaft der Materie, die für den Aufbau eines Schwerefeldes »verantwortlich« ist. Diese Art der Definition unterscheidet sich von der, die wir zuvor in diesem Buch benutzt haben. Dort hieß es, die Masse sei jene Eigenschaft der Materie, die eine Kraft erfordert, wenn man die Bewegung des Objektes ändern will, sei es in der Richtung oder in der Geschwindigkeit. Wir hatten dabei gesehen, daß die Masse eines Körpers um so größer ist, je größer die für die Bewegungsänderung erforderliche Kraft sein muß.
Diese »Art« von Masse, die man aus der auf sie einwirkenden Kraft ermitteln kann, wird auch »träge Masse« genannt – der Körper will ja in seinem Bewegungszustand verharren, und um diesen zu ändern, muß man eine Kraft anwenden. Demgegenüber nennt man die Masse, die für das Zustandekommen eines Schwerefeldes zuständig ist, »schwere Masse«. Auf den ersten Blick erscheinen Anziehungskraft und Trägheit als zwei völlig verschiedene Eigenschaften, und es gibt keinen Grund zu der Annahme, daß schwere Masse und träge Masse einander gleich sein sollten. Warum sollte ein Körper, der zweimal so »träge« ist wie ein anderer, auch ein zweimal so starkes Gravitationsfeld aufbauen wie jener? Trotzdem ist diese Gleichheit gegeben. Niemand hat bislang einen Unterschied zwischen schwerer und träger Masse zeigen können. Es wird daher als gültig angenommen, daß beide Masse-Arten identisch sind.
Das Schwerefeld der Erde beispielsweise übt auf einen fallenden Körper eine Kraft

aus, die diesen Körper beschleunigt: Er fällt schneller und schneller. Da nun träge Masse und schwere Masse identisch sind, können wir annehmen, daß diese Geschwindigkeitszunahme zur Bestimmung der Erdschwerkraft und damit der Erdmasse benutzt werden kann.
Der italienische Naturforscher Galileo Galilei (1564–1642) hat gegen Ende des 16. Jahrhunderts diese Beschleunigung zum ersten Mal gemessen. Sie beträgt 980 Zentimeter pro Sekunde pro Sekunde. Das bedeutet, daß die Geschwindigkeit eines fallenden Körpers in jeder Sekunde um 980 Zentimeter pro Sekunde zunimmt. Beginnen wir also wieder mit der Gleichung von Newton:

$$F_G = \frac{G\, m_1 m_2}{r^2} \qquad \text{(Gleichung 8)}$$

wobei F_G die Intensität der Gravitationskraft ist und daher der Wert der Beschleunigung eines fallenden Körpers; G ist die Gravitationskonstante, m_1 die Masse der Erde, m_2 die des fallenden Körpers und r der Abstand zwischen der Erde und dem fallenden Körper. Da wir uns für die Masse der Erde interessieren, müssen wir die Gleichung mit Hilfe einfacher Rechenregeln nach m_1 auflösen. Das Ergebnis sieht so aus:

$$m_1 = \frac{F_G\, r^2}{G\, m_2} \qquad \text{(Gleichung 9)}$$

Wenn wir die Werte für jedes Symbol auf der rechten Seite der Gleichung kennen, können wir daraus die Erdmasse bestimmen. Dazu müssen wir den Wert für F_G mit dem Wert für r multiplizieren, das Produkt noch einmal mit r malnehmen, das Ergebnis durch G teilen und diesen Quotienten schließlich durch m_2 dividieren. Diese Rechnung ist kein Problem, kennen wir doch den Wert für F_G seit Galilei. Auch den Wert für m_2, die Masse des fallenden Körpers, können wir messen, wenn wir den Körper auf eine Waage legen und seine Masse in Gramm bestimmen. Etwas schwieriger wird es, wenn wir den Abstand zwischen dem fallenden Körper und der Erde angeben wollen. Newton konnte zeigen, daß das Schwerefeld eines

Körpers unabhängig ist von dessen Ausdehnung. Man kann sich also die ganze Masse eines Körpers in seinem Schwerpunkt vereint vorstellen. Dieser Schwerpunkt fällt unter bestimmten Voraussetzungen mit dem Mittelpunkt des Körpers zusammen; diese Voraussetzungen beziehen sich auf die Form des Körpers und die Art der Masseverteilung in ihm. Für die Erde und für alle großen Körper im Universum sind diese Voraussetzungen erfüllt.

Das bedeutet, daß man sich das Schwerefeld der Erde vorstellen kann als Schwerefeld, das vom Mittelpunkt der Erde ausgeht; r gibt daher den Abstand des fallenden Körpers vom Erdmittelpunkt an, nicht etwa von der Erdoberfläche. Wenn sich der fallende Körper nur wenig oberhalb der Erdoberfläche befindet, dann kann man diesen Abstand mit dem Erdradius gleichsetzen.

Der Erdradius wurde zum ersten Mal ungefähr 240 vor unserer Zeitrechnung von einem griechischen Geografen namens Eratosthenes (276–192 v. Chr.) bestimmt. Er berechnete die Größe der Erde aus dem Betrag der Oberflächenkrümmung. Diesen wiederum konnte er durch eine astronomische Messung herausfinden. Er verglich den Einfallswinkel der Sonnenstrahlen an verschiedenen Punkten miteinander und konnte aus dem Unterschied sowie aus der Entfernung der beiden Orte den Krümmungsradius der Erdoberfläche ermitteln. Sein Wert wich nur wenig von dem heute bekannten ab, der bei rund 637000000 Zentimetern liegt.

Jetzt haben wir also die Werte für F_G, m_2 und r, und es fehlt nur noch die Größe G. Ohne sie können wir die Masse der Erde jedoch nicht berechnen. Gibt es irgendeine Möglichkeit zur Bestimmung von G?

Nun, wenn G wirklich universell ist, kann man den Wert auch beispielsweise aus der gegenseitigen Anziehung zweier Bleikugeln ermitteln. Wenn wir Gleichung 8 umwandeln und nach G auflösen, so erhalten wir

$$G = \frac{F_G\, r^2}{m_1 m_2} \qquad \text{(Gleichung 10)}$$

Die Massen der beiden Bleikugeln können wir ohne weiteres bestimmen, und das gibt uns die Werte für m_1 und m_2. Ebenso leicht kann man den Abstand zwischen beiden Kugeln ermitteln und erhält so den Wert für r. Wenn man nun auch noch die Anziehungskraft zwischen beiden Kugeln messen könnte und so F_G bekäme, ließe sich die Gleichung für G sofort lösen. Wir könnten dann diesen Wert für G in Gleichung 9 einsetzen und direkt die Masse der Erde berechnen.

Doch nun taucht ein anderes Problem auf. Die Anziehungskräfte sind so unvorstellbar klein, daß man sie nur bei einem gewaltigen, massiven Körper wie der Erde ohne Schwierigkeit messen kann. Ehe wir also mit kleinen Massen im Labor arbeiten können, brauchen wir eine Methode zum Nachweis sehr kleiner Kräfte.

Die notwendige Verfeinerung der Meßmethode gelang im Jahre 1777 dem französischen Physiker Coulomb mit der Entwicklung der Torsionswaage. Dies ist im Prinzip ein dünner, senkrecht aufgespannter Faden, an dem ein langer horizontaler »Waagebalken« befestigt ist. Wenn auf diesen Waagebalken eine seitliche Kraft einwirkt, so wird der Balken gedreht, und diese Drehung überträgt sich auf den senkrechten Draht; er wird verdrillt. Da dieser Draht aber elastisch ist, also einerseits die Drehbewegung mitmacht, andererseits nach Möglichkeit aber unverdrillt bleiben möchte, wird sich unter Einfluß dieser seitlichen Kraft ein Gleichgewicht einstellen, das natürlich abhängig ist von der Stärke der einwirkenden Kraft.

Im Jahre 1798 führte der englische Chemiker Henry Cavendish (1731–1810) folgendes Experiment durch:

Er nahm einen 180 Zentimeter langen Waagebalken und legte auf jedes Ende eine Bleikugel mit fünf Zentimeter Durchmesser. Diesen Waagebalken hing er im Schwerpunkt mit einem dünnen Draht auf. Cavendish brachte dann eine Bleikugel mit etwas mehr als 20 Zentimeter Durchmesser auf die eine Seite einer der beiden kleinen Kugeln und eine andere, ebenso große Bleikugel auf die gegenüberliegende Seite der anderen kleinen Kugel. Die Schwerefelder der großen Bleikugeln zogen nun die kleinen Kugeln an und verdrehten den Draht in eine neue Position.

Aus dieser Drehung konnte Cavendish die winzige Anziehungskraft zwischen den Bleikugeln bestimmen. Natürlich hat er die ganze Experimentiereinrichtung mit einem Behälter umgeben, um zu vermeiden, daß der Draht durch Luftbewegung verdreht und damit die Messung verfälscht wurde.

Cavendish wiederholte das Experiment immer und immer wieder, bis er sicher sein konnte, daß sein Wert stimmte. Zusammen mit den Größen für r, m_1 und m_2 konnte er also nun die Gleichung 10 lösen und fand einen Wert für G.
Das Experiment wurde inzwischen vielfach wiederholt. Mit dem genauesten derzeit bekannten Wert für G erhalten wir die Masse der Erde zu $5{,}983 \times 10^{27}$ Gramm oder knapp 6 Trilliarden Tonnen.
Aus der Kenntnis von Masse und Volumen kann man schließlich die Dichte eines Objektes bestimmen, indem man die Masse durch das Volumen dividiert. Das Volumen der Erde konnte man aus dem Wert errechnen, den Eratosthenes für den Erdumfang ermittelt hatte. Nachdem Cavendish die Masse der Erde bestimmt hatte, war es nunmehr möglich, auch die mittlere Dichte der Erde zu errechnen: Sie liegt bei 5,52 Gramm pro Kubikzentimeter.

Die anderen Planeten

Die Bedeutung der Bestimmung der Erdmasse liegt vor allem in der Tatsache, daß man nun darangehen kann, auch die Massen anderer Himmelskörper zu bestimmen und sie mit der der Erde zu vergleichen.
Da ist zum Beispiel der Mond, der einzige natürliche Satellit der Erde. Er umrundet unseren Planeten in einer Entfernung von 384000 Kilometer etwa alle 27,3 Tage. Genauer müßte man sagen, Erde und Mond bewegen sich um den gemeinsamen Schwerpunkt. Nach den Gesetzen der Mechanik ist der Abstand eines jeden Körpers von einem solchen Schwerpunkt abhängig von der Masse. Mit anderen Worten, wäre der Mond halb so schwer wie die Erde, so müßte er doppelt so weit vom Schwerpunkt entfernt sein wie diese; hätte er nur ein Drittel ihrer Masse, wäre der Abstand dreimal so groß, und so weiter.
Die Astronomen konnten die Lage des Schwerpunkts im System Erde-Mond ermitteln. Er liegt noch im Innern der Erde, etwa 1650 Kilometer unterhalb der Erdoberfläche, rund 4720 Kilometer vom Erdmittelpunkt entfernt. Der Mond umrundet diesen Punkt ebenso wie die Erde alle 27,3 Tage.

Der Abstand zwischen Mondmittelpunkt und Schwerpunkt ist etwa 81,3mal so groß wie der Abstand zwischen Erdmittelpunkt und Schwerpunkt. Entsprechend hat der Mond eine Masse, die im Vergleich zur Erdmasse um den Faktor 81,3 kleiner ist; er hat die 0,0123fache Erdmasse. Es ist einfacher, diesen Bruchteil anzugeben, als sich die Zahl $7{,}36 \times 10^{25}$ Gramm zu merken.
Die Astronomen können natürlich auch die Masse der anderen Körper im Sonnensystem im Verhältnis zur Erdmasse bestimmen. Bei einer Methode vergleichen sie den Einfluß eines Planeten auf seine Trabanten mit dem der Erde auf den Mond. Die Zeit, die ein Satellit für einen Umlauf um »seinen« Planeten benötigt, hängt nämlich nur von zwei Größen ab: von seinem Abstand zum Planetenmittelpunkt und von der Anziehungskraft des Planeten, von dessen Masse also.
Jupiter hat zum Beispiel einen Satelliten, der fast genauso weit von ihm entfernt ist wie der Mond von der Erde. Doch Io, dieser Satellit, umkreist den Jupiter in nur 1,75 Tagen, während der Mond 27,3 Tage benötigt. Man kann daraus errechnen, daß die Schwerkraft des Jupiter 317,9mal so stark sein muß wie die der Erde, damit Io ihn so schnell umrunden kann. Anders ausgedrückt muß Jupiter die 317,9fache Erdmasse besitzen. Mit dieser und anderen Methoden kann man die Masse nahezu aller großen Objekte im Sonnensystem bestimmen.
Tabelle 5 enthält die Masse- und Dichtewerte aller neun Planeten im Sonnensystem und die entsprechenden Größen für unseren Mond:

Tabelle 5: Masse und Dichte der Planeten

	Masse (Erdmasse = 1)	*Dichte (g/cm³)*
Merkur	0,055	5,44
Venus	0,815	5,24
Erde	1	5,52
Mond	0,0123	3,34
Mars	0,107	3,92
Jupiter	317,9	1,31
Saturn	95,19	0,69
Uranus	14,52	1,19
Neptun	17,63	1,59
Pluto	0,003	1,5

Die Stärke des Schwerefeldes jedes dieser Himmelskörper ist abhängig von seiner Masse, und man kann sehen, daß die Erde keineswegs das stärkste Gravitationsfeld oder die größte Masse unter den Planeten im Sonnensystem besitzt. Vier Planeten sind massereicher als die Erde – Jupiter, Saturn, Uranus und Neptun. Jupiter ist der Riese unter den Planeten; er ist ungefähr zweieinhalbmal so »schwer« wie alle anderen acht Planeten zusammen.

Die Stärke des Gravitationsfeldes eines jeden Planeten oder auch jedes anderen Himmelskörpers nimmt mit dem Quadrat der Entfernung ab. Entsprechend bleibt das Verhältnis zwischen den Schwerefeldern zweier Körper unterschiedlicher Masse in jeder Entfernung gleich.

Wenn zum Beispiel ein Raumschiff eine Million Kilometer vom Jupitermittelpunkt entfernt ist, spürt es immer noch ein 317,9mal stärkeres Schwerefeld als ein Raumschiff, das eine Million Kilometer vom Erdmittelpunkt entfernt ist.

Würde man den Abstand auf zwei Millionen Kilometer vergrößern, ginge die Stärke des Gravitationsfeldes auf ein Viertel des vorherigen Wertes zurück. Dies gilt aber natürlich nicht nur für Jupiter, sondern auch für die Erde. Jupiters Anziehungskraft bleibt also auch dann noch 317,9mal so stark wie die der Erde.

Jupiters Schwerefeld bleibt also immer 317,9mal so stark wie das der Erde, wenn man immer in gleichen Entfernungen zu den beiden Planeten mißt. Was aber, wenn man die Schwerefelder in unterschiedlichen Entfernungen miteinander vergleicht?

Das ist zum Beispiel notwendig, wenn man die Schwerkraft an der Oberfläche zweier Körper unterschiedlicher Größe miteinander vergleichen will. Man kann dies am besten vielleicht bei Erde und Mond zeigen, weil Menschen schon mehrfach auf dem Mondboden gestanden haben und die Voraussagen der Theorie überprüfen konnten.

Die Masse der Erde ist 81,3mal so groß wie die Masse des Mondes. Wann immer man also zwei Punkte miteinander vergleicht, von denen der eine ebensoweit vom Erdmittelpunkt entfernt ist wie der andere vom Mondmittelpunkt, dann ist das Schwerefeld der Erde im einen Punkt 81,3mal stärker als das Schwerefeld des Mondes im anderen Punkt.

Nehmen wir aber einmal an, wir stehen auf der Mondoberfläche. Wir sind dann 1738 Kilometer vom Mondmittelpunkt entfernt. Stehen wir auf der Erdoberfläche, sind wir hingegen 6371 Kilometer vom Erdmittelpunkt entfernt.

Die Anziehungskraft eines Körpers auf seiner Oberfläche ist die sogenannte Oberflächenschwerkraft, eine wichtige Größe im Hinblick auf die Schwarzen Löcher. Wenn man sie berechnet, muß man die unterschiedlichen Entfernungen zum Mittelpunkt des jeweiligen Himmelskörpers berücksichtigen.

Der Abstand zum Erdmittelpunkt ist 3,666mal größer als die Entfernung zwischen Mondoberfläche und Mondmittelpunkt. Die Stärke der Schwerkraft nimmt mit dem Quadrat der Entfernung ab, so daß die Oberflächenschwerkraft der Erde im Verhältnis zur Mondoberflächenschwerkraft um einen Faktor 3,666 × 3,666 oder 13,44 geschwächt erscheint.

Wir müssen also das eigentliche Schwerefeld der Erde, das ja 81,3mal stärker ist als das des Mondes, durch 13,44 teilen, und das ergibt 6,05. Somit hat die Erde an ihrer Oberfläche eine Schwerkraft, die nur 6,05mal stärker ist als die Mondoberflächenschwerkraft, obwohl die Erdmasse 81,3mal größer ist als die Mondmasse. Andersherum ist die Mondoberflächenschwerkraft rund ein Sechstel der Schwerkraft an der Erdoberfläche.

In ähnlicher Weise können wir die Oberflächenschwerkraft für alle anderen Körper des Sonnensystems berechnen. Die vier Riesenplaneten bereiten ein Problem, weil das, was wir als Oberfläche sehen, in Wirklichkeit die Oberschicht ihrer dicken Atmosphären ist. Wir sind nicht einmal sicher, ob sie alle eine feste Oberfläche haben oder – wie Jupiter – bis tief ins Innere gasförmig beziehungsweise flüssig bleiben. Wenn wir jedoch einmal voraussetzen, daß man an der Oberfläche der Wolken »Station« machen könnte, läßt sich ein hypothetischer Wert für die Oberflächenschwerkraft bestimmen. Auf diese Weise erhalten wir Tabelle 6:

Tabelle 6: Oberflächenschwerkraft

	Oberflächenschwerkraft (Erde = 1)
Merkur	0,38
Venus	0,90
Erde	1,00
Mond	0,17
Mars	0,38
Jupiter	2,62
Saturn	1,14
Uranus	0,88
Neptun	1,13
Pluto	0,06

Entweichgeschwindigkeit

Die Anziehungskraft der Erde sorgt dafür, daß alles, was »nach oben geworfen« wird, wieder auf die Erdoberfläche zurückfällt. Ganz gleich, wie groß die Geschwindigkeit des aufsteigenden Objektes ist, immer zieht die Schwerkraft der Erde an ihm. Es verliert daher beständig an Tempo und kommt schließlich – wenn die Geschwindigkeit nicht zu groß war – in irgendeiner Höhe über dem Boden zum Stillstand. Dann beginnt die Fallbewegung, die Geschwindigkeit nimmt beständig zu, und wenn das Objekt auf der Erdoberfläche aufschlägt, hat es wieder die Ausgangsgeschwindigkeit erreicht.
Dies wäre zumindest der Fall, wenn die Erde keine Atmosphäre besäße; in Wirklichkeit bremst der Luftwiderstand die Fallbewegung etwas ab.
Ein Körper, der mit einer größeren Startgeschwindigkeit nach oben geschleudert wird als ein anderer, wird länger gegen die Abbremsung durch das Schwerefeld der Erde vorankommen und entsprechend eine größere Höhe erreichen als der ursprünglich langsamere Körper, ehe er wieder mit dem Rücksturz beginnt. Es

könnte also aussehen, als müsse jeder Gegenstand, der mit noch so großer Geschwindigkeit die Erdoberfläche verläßt, irgendwann unter der beständigen Abbremsung des Erdschwerefeldes zur Ruhe kommen, ob nach hundert oder tausend Kilometer, und wieder zur Erde zurückfallen.
So könnte es aussehen – und so wäre es auch, wenn die Stärke der Anziehungskraft nicht mit wachsendem Abstand geringer würde.
Die Oberflächenschwerkraft der Erde übt eine bestimmte Kraft auf ein Objekt aus, das 6371 Kilometer vom Erdmittelpunkt entfernt ist. Entfernt sich dieses Objekt von der Erdoberfläche, vergrößert es also seinen Abstand zum Erdmittelpunkt, dann nimmt die Stärke der Schwerkraft ab. Diese Verringerung ist proportional zum Quadrat der Entfernung, wie wir schon früher gesehen hatten, aber zur Entfernung vom Erdmittelpunkt, nicht von der Erdoberfläche.
Nehmen wir einmal an, wir befänden uns in der Stratosphäre, etwa 35 Kilometer oberhalb des Erdbodens. Für unsere Alltagsbegriffe ist dies schon eine beträchtliche Höhe, wenn man bedenkt, daß selbst Überschallflugzeuge nur in Höhen bis 18 Kilometer fliegen. Bezogen auf den Erdradius sind diese 35 Kilometer jedoch nur wenig mehr als ein halbes Prozent. Entsprechend ist die Anziehungskraft der Erde in dieser Höhe immer noch 98,9 Prozent der Oberflächenschwerkraft. Bei einem Menschen, der auf dem Erdboden 70 Kilogramm »wiegt«, würde in 35 Kilometer Höhe die Waage 69,24 Kilogramm anzeigen. Schon diese geringe Abnahme über eine für uns kaum erreichbare Höhe zeigt, wie unbedeutend die Veränderung der Schwerkraft in unserem täglichen Leben ist, wenn wir zum Beispiel auf die Spitze eines Fernsehturmes fahren; sie spielt normalerweise keine Rolle.
Wollen wir uns aber in Gedanken einmal auf eine wirklich große Höhe bringen, sagen wir einmal bis auf 6371 Kilometer über dem Boden. Wir sind dann 6371 + 6371 oder 12742 Kilometer vom Erdmittelpunkt entfernt, also doppelt so weit wie auf der Erdoberfläche. Entsprechend ist die Schwerkraft dort oben auf ein Viertel des Wertes an der Oberfläche zurückgegangen.
Wenn ein Objekt mit so großer Geschwindigkeit nach oben geworfen wird, daß es die Stratosphäre erreicht, ehe es völlig abgebremst wurde, dann können wir be-

obachten, daß die Anziehungskraft der Erde und damit die Abbremsung im oberen Teil der Bahn etwas geringer ist als in der Nähe des Erdbodens. Die Abbremsung geht also langsamer vonstatten, als man für den Fall erwarten würde, daß die Anziehungskraft über alle Entfernungen gleich bliebe. Der Körper steigt etwas höher, als man in diesem Fall annehmen würde.
Ein zweites Objekt, das mit der doppelten Geschwindigkeit aufsteigt, wird, wenn es den Umkehrpunkt des ersten erreicht, immer noch die Hälfte seiner Anfangsgeschwindigkeit haben. Es wird also nun mit der Geschwindigkeit weiteraufsteigen, mit der das erste Objekt angefangen hat. Wird es damit auch die doppelte Höhe des ersten erreichen?
Nein, denn das zweite Objekt hat nun zwar in der Höhe des Umkehrpunktes von Nummer 1 noch die gleiche Geschwindigkeit wie Nummer 1 zu Beginn des Aufstieges, aber in dieser Höhe ist die Stärke der Anziehungskraft ja bereits etwas geringer als am Erdboden. Folglich wird Nummer 2 im weiteren Bahnverlauf auch weniger stark abgebremst und erreicht eine größere Höhe.
Weil die Stärke der Schwerkraft mit wachsendem Abstand abnimmt, bedeutet eine Verdoppelung der Anfangsgeschwindigkeit eine Endhöhe, die mehr als doppelt so groß ist wie die des Vergleichskörpers. Tabelle 7 zeigt die Höhen der Umkehrpunkte für vorgegebene Startgeschwindigkeiten vom Erdboden aus.

Tabelle 7: Steighöhen

Anfangsgeschwindigkeit (Kilometer pro Sekunde)	*Maximalhöhe über dem Erdboden (Kilometer)*
1,6	133
3,2	568
4,8	1438
6,4	3102
8,0	6675
9,6	17832

Die Erde aus einer Höhe von 36000 Kilometer über der Oberfläche, aufgenommen vom europäischen Wettersatelliten Meteosat. Ein typischer Planet, bei dem sich ein stabiles Gleichgewicht zwischen Schwerkraft und elektromagnetischer Kraft ausgebildet hat: Das Schwerefeld der Erde reicht nicht aus, die Atome im Innern zu »knacken« und ein Zusammensinken der Erde einzuleiten. (ESA-Foto)

Mit zunehmender Anfangsgeschwindigkeit steigt also auch die Höhe des Umkehrpunktes, doch sie steigt stärker und stärker an, je weiter der Körper in ein Gebiet mit schwächer werdender Gravitation vordringt. Zwischen der ersten und letzten Zeile der Tabelle hat die Geschwindigkeit nur um den Faktor sechs zugenommen, die Maximalhöhe dagegen um den Faktor 134.

Man kann sich vorstellen, daß es eine Geschwindigkeit geben muß, bei der die Abbremsung durch die Schwerkraft nicht mehr ausreicht, den Körper völlig zum Stillstand zu bringen. Ein solcher Körper müßte mindestens so schnell aufsteigen, daß er dort, wo die Schwerkraft nur noch halb so stark ist wie am Erdboden, gerade die Hälfte seiner Anfangsgeschwindigkeit verloren hat. Diese Geschwindigkeit wird Entweichgeschwindigkeit genannt.

Die Entweichgeschwindigkeit der Erde trägt 11,2 Kilometer pro Sekunde. Alles, was die Erdoberfläche mit dieser oder einer größeren Geschwindigkeit verläßt, wird nie zum Erdboden zurückstürzen. Jeder langsamere Gegenstand dagegen bleibt im Bann des Erdschwerefeldes, wird also irgendwann einmal zur Erde zurückkehren. Doch schon 71 Prozent der Entweichgeschwindigkeit reichen aus, um einen Körper in eine Umlaufbahn um die Erde zu bringen. Er wird dann zwar normalerweise nicht wieder zur Erdoberfläche zurückstürzen, wohl aber eben im Anziehungsbereich der Erde »gefangen« bleiben.

Die Größe der Entweichgeschwindigkeit hängt natürlich von der Stärke des Schwerefeldes ab. Wenn die Anziehungskraft geringer wird, reicht auch eine kleinere Geschwindigkeit zum Verlassen des Anziehungsbereiches aus. Die Entweichgeschwindigkeit nimmt mit der Quadratwurzel des Abstandes ab.

Wenn wir uns also in einer Entfernung von 57400 Kilometer zum Erdmittelpunkt befänden, also rund neunmal weiter als auf der Erdoberfläche, dann müßten wir rechnen: Quadratwurzel aus neun ist drei, also ist die Entweichgeschwindigkeit dort draußen dreimal kleiner als hier am Erdboden. In dieser Höhe beträgt sie dementsprechend 3,73 Kilometer pro Sekunde.

Aus dieser Betrachtung können wir schließen, daß die Entweichgeschwindigkeit auf allen Himmelskörpern unterschiedlich sein muß. Ist die Masse geringer und die Oberflächenschwerkraft kleiner als bei der Erde, dann ist auch die Entweichgeschwindigkeit weniger groß. Um aus dem Schwerebereich des Mondes zu entfliehen, braucht man beispielsweise nur eine Anfangsgeschwindigkeit von 2,4 Kilometer pro Sekunde.

Umgekehrt haben Himmelskörper mit einer größeren Masse auch eine höhere Entweichgeschwindigkeit als die Erde. Tabelle 8 enthält die Entweichgeschwindigkeiten für alle Planeten, angegeben jeweils für einen Start von der Planetenoberfläche (beziehungsweise von der Wolkenobergrenze der großen Planeten).

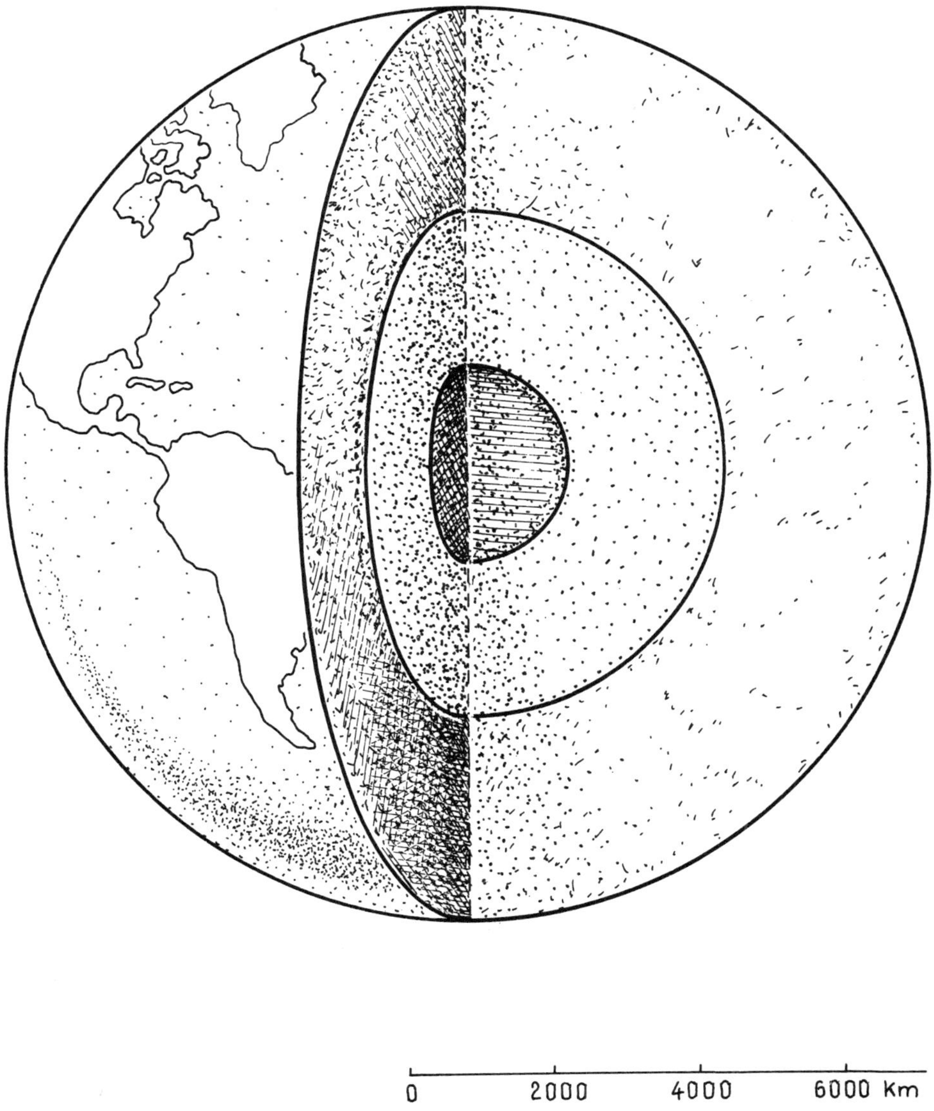

Der innere Aufbau der Erde konnte aus sorgfältigen Analysen der Ausbreitung von Erdbebenwellen abgeleitet werden: Unter einer dünnen, auf diesem Bild nicht erkennbaren, festen Kruste erstreckt sich bis zu einer Tiefe von 2900 Kilometer der »plastische« Erdmantel; es folgt bis etwa 5100 Kilometer Tiefe ein flüssiger Erdkern, der den festen, inneren Erdkern umgibt. Im Zentrum sind die Atome unter der Last der darüberliegenden Schichten auf etwa 85 Prozent ihres normalen Durchmessers zusammengepreßt.

Tabelle 8: Entweichgeschwindigkeiten

	Entweichgeschwindigkeit (Kilometer/Sekunde)
Merkur	4,25
Venus	10,36
Erde	11,18
Mond	2,38
Mars	5,02
Jupiter	60,08
Saturn	36,12
Uranus	21,14
Neptun	23,65
Pluto	1,29

Es überrascht nicht, daß der größte Planet, Jupiter, auch die größte Entweichgeschwindigkeit hat.

Darüber hinaus nimmt das Schwerefeld des Jupiter nach außen viel langsamer ab als die Anziehungskraft der Erde, da Jupiter einen größeren Durchmesser hat. Da der Erdradius nur 6371 Kilometer beträgt, geht die Stärke der Erdanziehung bereits in einer Höhe von 6371 Kilometer über der Erdoberfläche auf ein Viertel des Wertes am Erdboden zurück; und etwas mehr als 19000 Kilometer über dem Boden hat die Anziehungskraft nur noch ein Sechzehntel ihrer Stärke an der Oberfläche, denn dort oben ist man viermal weiter vom Erdmittelpunkt entfernt als hier am Boden.

Die »Oberfläche« des Jupiter dagegen ist etwa 71450 Kilometer vom Zentrum des Riesenplaneten entfernt. Daher muß man eine Höhe von eben diesen 71450 Kilometern über der Wolkenobergrenze erreichen, ehe die Schwerkraft des Jupiters auf ein Viertel ihrer Stärke an der Oberfläche zurückgegangen ist, und erst in fast 215000 Kilometer Abstand zu den Jupiterwolken ist die Anziehungskraft auf ein Sechzehntel gesunken.

Die Intensität des Jupiterschwerefeldes nimmt soviel langsamer ab als die des Erdschwerefeldes, daß in gleichen Entfernungen zum jeweiligen Planetenzentrum die Anziehungskraft des Jupiters immer 317,9mal so groß ist wie die der Erde, obwohl die Oberflächenschwerkraft des Riesenplaneten nur 2,64mal so stark ist wie die un-

seres Planeten. Dieses Verhältnis ist natürlich auf das zahlenmäßig entsprechende Verhältnis der Massen von Jupiter und Erde zurückzuführen.
Auch die Entweichgeschwindigkeit aus dem Schwerebereich des Jupiter nimmt mit wachsender Entfernung langsamer ab als bei der Erde. Bei einem Startpunkt von den Planetenoberflächen aus braucht man auf Jupiter nur etwas mehr als die fünffache Geschwindigkeit, die man von der Erde aus benötigt. Aufgrund der langsameren Abnahme muß man jedoch bis zu einer Höhe von rund 2 Millionen Kilometer aufsteigen, ehe die Entweichgeschwindigkeit aus dem Jupiterschwerefeld auf den Wert von 11,2 Kilometer abgesunken ist, die Geschwindigkeit also, die man braucht, um von der Erdoberfläche aus das Schwerefeld der Erde verlassen zu können.

Dichte und Entstehung der Planeten

Sehen wir einmal davon ab, daß im Vergleich zur Erde die Anziehungskraft des Jupiter und die zum Verlassen seines Schwerefeldes notwendige Entweichgeschwindigkeit ziemlich groß sind, so können wir uns doch über die »Schwäche« seiner Massenwirkung wundern. Immerhin hat Jupiter mehr als dreihundertfache Erdmasse in sich vereint und demzufolge auch ein über dreihundertfach stärkeres Schwerefeld der Erde. Und trotzdem ist seine Anziehungskraft an der Oberfläche nicht einmal dreimal so stark wie die Oberflächenschwerkraft der Erde, ist die Fluchtgeschwindigkeit weniger als sechsmal so groß wie die bei unserem Planeten. Der gleiche krasse Unterschied zwischen großer Masse und entsprechend starkem Schwerefeld einerseits und geringer Oberflächenschwerkraft sowie Fluchtgeschwindigkeit auf der anderen Seite kann man auch bei den anderen großen Planeten beobachten.
Der Grund dafür ist in den großen Durchmessern dieser Planeten zu suchen: Ihre Oberflächen sind zwischen vier- und elfmal weiter vom jeweiligen Planetenmittelpunkt entfernt als die Oberfläche der Erde vom Erdmittelpunkt.

Aber das allein ist nicht die ganze Erklärung. Hinzu kommt, daß die großen Planeten geringe Dichten besitzen; das heißt, die Materie ist bei ihnen nicht so dicht gepackt wie im Innern der Erde. Deshalb erfüllen sie mit ihrer Masse einen unverhältnismäßig großen Raum, und deshalb sind die Oberflächen weiter von dem jeweiligen Planetenmittelpunkt entfernt.
Nehmen wir einmal an, man könnte den Planeten Saturn soweit zusammenpressen, daß seine mittlere Dichte die der Erde erreicht. Da die mittlere Dichte der Erde achtmal höher ist als die des Saturn, müßte man den Planeten auf ein Achtel seines jetzigen Volumens quetschen. Sein Durchmesser würde sich entsprechend auf die Hälfte des »normalen« Wertes verringern, und die Oberfläche wäre nur noch rund 30000 Kilometer vom Saturnmittelpunkt entfernt.
Natürlich besäße Saturn dann immer noch die gleiche Masse wie jetzt, und auch die Intensität seines Schwerefeldes hätte sich nicht verändert. Beides bliebe 95,2mal größer beziehungsweise stärker als bei der Erde. Auch wäre die Saturnoberfläche immer noch weiter vom Planetenmittelpunkt entfernt als der Erdboden vom Erdzentrum. Aber die Verringerung des Durchmessers würde zu einem Anstieg der Oberflächenschwerkraft auf den 4,6fachen Wert der irdischen Oberflächenschwerkraft führen.
Das gleiche Gedankenexperiment können wir natürlich auch mit Jupiter anstellen. Soll er soweit zusammengepreßt werden, daß seine mittlere Dichte die der Erde erreicht, dann muß man sein Volumen auf knapp ein Viertel des jetzigen Wertes verkleinern. Entsprechend schrumpft er auf etwa fünf Achtel der »normalen« Größe, und die Oberfläche ist dann noch rund 44200 Kilometer vom Planetenmittelpunkt entfernt. Seine Oberflächenschwerkraft würde dabei auf fast das Siebenfache der Erdoberflächenschwerkraft ansteigen.
Gibt es einen anderen Weg, auf dem wir näher an das Zentrum eines Planeten oder eines Himmelskörpers allgemein kommen und dadurch in einen Bereich erhöhter Anziehungskraft geraten? Was wäre beispielsweise, wenn wir einfach ein Loch in die Erde graben könnten und immer tiefer ins Erdinnere vordrängen? Würde dann auch die Anziehungskraft zunehmen?

Die Antwort ist »Nein«!
Nehmen wir einmal an, die Erde wäre gleichmäßig mit Materie erfüllt, hätte also überall die gleiche Dichte, die dann der mittleren Dichte von 5,52 Gramm pro Kubikzentimeter entspräche. Setzen wir weiterhin voraus, daß wir ohne Schwierigkeiten bis tief ins Erdinnere bohren könnten. Je tiefer wir vordrängen, ein desto größerer Teil der Erde wäre dann aber weiter vom Erdmittelpunkt entfernt als wir. Isaac Newton hat nun zeigen können, daß diese Teile der Erde nichts zu der Anziehungskraft beitragen, die uns zum Mittelpunkt der Erde zerrt. Nur jene Materie, die sich näher am Zentrum befindet als wir, wirkt mit ihrer Anziehungskraft auf uns, und dieser Teil der irdischen Materie wird naturgemäß weniger und weniger, je tiefer wir in die Erde vordringen.
Das heißt aber nichts anderes, als daß die Anziehungskraft spürbar nachläßt, je näher wir zum Zentrum der Erde gelangen, und im Mittelpunkt selbst wird sie völlig verschwinden. Im Mittelpunkt eines kugelförmigen Himmelskörpers würde sich alle Materie dieses Körpers über uns befinden, oder besser: um uns herum, und uns entsprechend gleichmäßig in jede Richtung anziehen. Die Schwerkraft wäre aufgehoben, wir wären im Mittelpunkt eines solchen Himmelskörpers schwerelos. Wenn wir uns nun ein Loch im Mittelpunkt der Erde vorstellen (das gilt für jeden anderen Himmelskörper ebenso), so wäre im ganzen Raumbereich dieser »Höhle« die Schwerkraft gleich Null. Edgar Rice Burroughs hat mehrere Science-fiction-Romane geschrieben, deren Schauplatz eine solche »Hohl-Erde« war. Daß ihre Bewohner jedoch schwerelos sein mußten, hat er nicht bedacht.
Offenbar können wir also die Schwerkraft nicht erhöhen, wenn wir ein Loch in den Himmelskörper bohren, um näher an seinen Mittelpunkt zu gelangen. Nein, die einzige Möglichkeit, die Schwerkraft zu verstärken, ist eine Verdichtung der Materie, eine Schrumpfung des gesamten Objektes, so daß man zusammen mit der Oberfläche näher zum Zentrum kommt.
Die einzige Kraft im Weltall, die einen Himmelskörper derart zusammenpressen kann, ist die Schwerkraft selbst. Sie tut es die ganze Zeit, und auch bei den Planeten hat sie während der Entstehung ihre verdichtende Wirkung ausgeübt.

Zu Beginn bildete das Material, aus dem die Planeten entstanden, eine gewaltige Wolke aus Gas und Staub. Der überwiegende Anteil bestand aus Wasserstoff, Helium, Kohlenstoff, Neon, Sauerstoff und Stickstoff; Wasserstoff dürfte etwa 90 Prozent ausgemacht haben. Die Gasatome bewegten sich in einzelnen Wirbeln. Dabei kamen sie sich aufgrund der gegenseitigen Anziehungskraft langsam näher. Je geringer die Abstände wurden, desto dichter wurde die Materie, und desto mehr überlagerten sich die einzelnen Schwerkraftfelder. Das führte zu einem langsamen Ansteigen der Gravitationskraft, und dadurch nahm die Materiedichte immer rascher zu.

Die meisten Bestandteile blieben gasförmig: Helium und Neon – beides Edelgase – »überlebten« als einzelne Atome, je zwei Wasserstoffatome vereinigten sich zu Wasserstoffmolekülen, Kohlenstoffatome verbanden sich mit vier Wasserstoffatomen zu Methan-Molekülen, Stickstoffatome gingen mit je drei Wasserstoffatomen die Verbindung Ammoniak ein, Sauerstoffatome verschmolzen mit je zwei Wasserstoffatomen zu Wassermolekülen.

Alle diese genannten Elementverbindungen blieben in Form einzelner Moleküle. Zwei andere Elemente jedoch formten nach ihrer Eingliederung in Moleküle immer größer werdenden Gruppen und Verbindungen: Silizium und Eisen. Siliziumatome lagerten zwar auch Sauerstoffatome an, doch sorgte in diesem Fall die elektromagnetische Kraft dafür, daß sich immer mehr Silizium-Sauerstoff-Moleküle vereinten. Diese neuen Strukturen, die sogenannten Silikate, »wuchsen« zu Staubkörnern, Kieselsteinen und schließlich zu Felsbrocken heran. Atome anderer Elemente, die dazu paßten, wurden eingegliedert: Magnesium, Natrium, Kalium, Kalzium, Aluminium und so weiter. Diese Mischung formt heute das Gesteinsmaterial der Erdkruste, mit dem wir so vertraut sind.

Auch die meisten Eisenatome haben sich »aneinandergekettet«, zusammen mit anderen Metallen wie Kobalt und Nickel.

Als sich daher die Staub- und Gaswolke immer mehr verdichtete, bildeten sich immer größere Klumpen, aus Gestein, Metall oder aus beidem gemischt. Da Metall dichter – und damit schwerer – als Gestein ist, übt es einerseits eine größere Anziehungskraft aus und wird andererseits von einer vorhandenen Anziehung stärker beeinflußt. Bei der Bildung von Himmelskörpern sank daher das Metall zur Mitte ab und formierte sich dort zu einem Kern, während das Gesteinsmaterial an der Oberfläche eine Kruste entstehen ließ.

Mond und Mars bestehen hauptsächlich aus Gestein; Merkur, Venus und Erde dagegen sind aus Gestein und Metall zusammengesetzt. Immer noch schwirren kleine Bröckchen durch das Sonnensystem und können dabei mit der Erde zusammenstoßen. Wenn sie in die Erdatmosphäre eintauchen, verglühen sie und werden als Meteore sichtbar; jene, die bis zum Erdboden vordringen, heißen Meteorite: Auch sie bestehen entweder aus Stein, Metall oder einer Kombination von beidem.

Atome und Moleküle, die sich nicht aufgrund der elektromagnetischen Kraft zu langen Ketten verbinden, können nur durch den Einfluß der Schwerkraft an einen Himmelskörper gebunden werden. Ein Beispiel dafür sind die Atome und Moleküle, die eine Gasatmosphäre aufbauen.

Kleinere Himmelskörper verfügen jedoch nicht über ein ausreichend starkes Gravitationsfeld, um die Gase festzuhalten. Deshalb hat beispielsweise der Mond, dessen Oberflächenschwerkraft ja sechsmal schwächer ist als die der Erde, keine Atmosphäre; er könnte die Gasatome und -moleküle nicht an sich »binden«. Darüber hinaus kann der Mond auch keine Flüssigkeitsmoleküle auf seine Oberfläche bannen, die »flüchtig« sind, das heißt, die sich leicht in Gas umwandeln. Deshalb findet man auf dem Mond kein Wasser. Entsprechendes gilt natürlich erst recht für Himmelskörper, die noch kleiner sind als der Erdtrabant.

Merkur, dessen Oberflächenschwerkraft 2,3mal stärker ist als die des Mondes, verfügt nur über eine extrem dünne Gashülle, die zudem laufend in den Weltraum »abdampft« und daher ständig von innen »nachgefüllt« werden muß. Anders beim Mars. Ein Blick auf Tabelle 6 zeigt, daß seine Oberflächenschwerkraft nur geringfügig größer ist als die des Merkur. Trotzdem hat Mars eine Atmosphäre, die am Boden immerhin so dicht ist wie die Erdatmosphäre in rund 40 Kilometern Höhe. Und man findet auch Spuren von Wasser.

Warum?

Die Antwort lautet, daß auch die Temperatur eine Rolle spielt. Je höher die Temperatur ist, desto schneller bewegen sich die Atome und Moleküle eines Gases und desto eher bewegen sich einige von ihnen mit Geschwindigkeiten oberhalb der Entweichgeschwindigkeit des jeweiligen Himmelskörpers, in dessen Umfeld sie sich befinden. Eine solche Gashülle beginnt sich aufzulösen, sie entweicht in den umgebenden Weltraum. Je höher die Temperatur ist, desto unwahrscheinlicher ist aber auch die Entstehung einer Atmosphäre überhaupt.

Umgekehrt führt eine geringere Temperatur dazu, daß sich die Gasatome und -moleküle langsam bewegen und so die Entweichgeschwindigkeit nicht überschreiten. Eine solche Atmosphäre ist »beständig«, und die Wahrscheinlichkeit der Bildung einer Atmosphäre ist bei niedrigen Temperaturen größer.

Mars hat zwar ungefähr die gleiche Oberflächenschwerkraft wie Merkur, ist aber rund viermal weiter von der Sonne entfernt als dieser und daher beträchtlich kühler. Während die Temperatur auf Merkur bis auf Werte um 350 Grad Celsius ansteigt, liegt die durchschnittliche Tagestemperatur bei Mars deutlich unter dem Gefrierpunkt von Wasser; lediglich am Äquator werden mittags vereinzelt »Plusgrade« erreicht.

Ein weiteres Beispiel für die Bedeutung der Temperatur im Zusammenhang mit der Existenz einer Atmosphäre bietet der größte Saturnmond, Titan. Obwohl seine Oberflächenschwerkraft kaum halb so groß sein dürfte wie die des Mars, hat er eine dichte Atmosphäre, dichter vielleicht noch als die der Erde. Der Grund liegt in seiner niedrigen Oberflächentemperatur: minus 180 Grad Celsius, nur rund 100 Grad über dem absoluten Nullpunkt.

Je leichter ein Atom oder Molekül ist, desto schneller bewegt es sich bei einer vorgegebenen Temperatur, und desto eher erreicht es die Entweichgeschwindigkeit, desto seltener wird es also in einer Atmosphäre anzutreffen sein.

So kann die Schwerkraft der Erde beispielsweise Argonatome ohne Schwierigkeiten festhalten (Argonatome haben das Atomgewicht 40). Das Schwerefeld der Erde kann natürlich auch Kohlendioxid vor dem Entweichen zurückhalten; das Kohlenstoffatom in diesem Molekül hat normalerweise ein Atomgewicht von 12, während

die beiden Sauerstoffatome ein Gesamtatomgewicht von 32 besitzen – das Molekulargewicht von Kohlendioxid beträgt also 44.
Auch für Sauerstoff (Molekulargewicht 32) und Stickstoff (Molekulargewicht 28) reicht die Anziehungskraft der Erde noch aus, während sie bei Helium (Atomgewicht 4) und Wasserstoff (Molekulargewicht 2) »machtlos« ist.
Wird dagegen während der Bildung von Himmelskörpern die Anziehungskraft so stark, daß auch Helium und Wasserstoff in Bann gezogen werden können, dann wird der Planet beginnen, rasch größer zu werden, da Helium und Wasserstoff die häufigsten Elemente der Urwolke, des »Startmaterials«, sind. Seine Masse wird gar lawinenartig anwachsen, da mit zunehmender Masse auch seine Anziehungskraft wächst und sein Einflußbereich größer wird, er also aus noch weiter entfernten Raumbereichen Materie anziehen kann.
Dies geschieht natürlich eher in großen Entfernungen zur Sonne, wo sich die leichten Gase aufgrund der niedrigen Temperatur ohnehin nur langsam bewegen. Als Folge davon haben sich die großen Planeten Jupiter, Saturn, Uranus und Neptun in relativ großem Abstand zur Sonne gebildet. Und ihre Zusammensetzung aus im wesentlichen leichten Elementen führt natürlich dazu, daß sie eine vergleichsweise geringe mittlere Dichte aufweisen.
Die sonnennahen Planeten dagegen können aufgrund der höheren Temperatur die leichten Elemente nicht festhalten; sie bestehen überwiegend aus jenen – in der Urwolke selteneren – Elementen, die sich durch die elektromagnetische Kraft anlagern. Sie allein können der hohen Temperatur widerstehen, sie allein sind daher im sonnennahen Bereich des Planetensystems anzutreffen.

III. Verdichtete Materie

Das Innere der Planeten

Wenn Teilchen in der beschriebenen Weise zusammenkommen und allmählich zu Planeten heranwachsen, werden sie aufgeheizt. Die Anziehungskraft läßt eine beschleunigte Bewegung zum Zentrum hin entstehen. Je größer die Teile sind und je schneller sie sich in diesem Schwerefeld bewegen, desto mehr kinetische Energie besitzen sie (»kinetisch« stammt von dem griechischen Wort für Bewegung). Die größeren Brocken, die sogenannten Planetesimale, verfügen beispielsweise über soviel Bewegungsenergie, daß sie beim Aufschlag große Krater entstehen lassen können. Solche Krater werden natürlich beim Aufprall weiterer kosmischer Bomben teilweise wieder zugeschüttet oder überlagert, bis schließlich die zuletzt entstehenden »übrig«bleiben.

Wir sehen daher bei Mond, Merkur, Mars und den beiden kleinen Marsmonden Phobos und Deimos nur jene Krater, die von den letzten Einschlägen stammen. Auch auf der Venus kennen wir aufgrund von Radaruntersuchungen Krater, wenngleich wir sie durch die dichte Venusatmosphäre nicht sehen können. Selbst die Aufnahmen der Jupitermonde, die von den Voyager-Sonden zur Erde gefunkt wurden, lassen deutlich Krater erkennen.

Zweifellos ist auch die Erde damals dem Bombardement ausgesetzt gewesen. Wasser und Wind haben diese Formen jedoch verändert, die Spuren verwischt, so daß wir nur noch vereinzelte »Einschlagkrater« auf unserem Planeten finden. Das Nördlinger Ries beispielsweise – rund 100 Kilometer östlich von Stuttgart – ist als ein solcher Krater erkannt worden, der vor rund 14 Millionen Jahren entstanden sein muß; der Durchmesser beträgt rund 25 Kilometer.

Natürlich ist die Bewegungsenergie der herabfallenden Brocken beim Zusammenstoß nicht verlorengegangen. Energie kann nie spurlos »verschwinden«, sondern nur in andere Erscheinungsformen umgewandelt werden. In unserem Fall ist die Bewegungsenergie in Wärme überführt worden, die dann im Zentralbereich der einzelnen Himmelskörper »gespeichert« wurde. Dies wissen wir von der Erde und können es mit gutem Grund auch für alle anderen Himmelskörper annehmen, die

so groß sind, daß sie aufgrund ihrer Schwerkraft während des Entstehungsprozesses einem intensiven Bombardement ausgesetzt waren und dabei entsprechend viel Bewegungsenergie »schlucken« mußten. Diese gespeicherte Wärme ist im letzten umgewandelte Gravitationsenergie, die während der Planetenentstehung durch die Zusammenlagerung von Materie immer mehr verdichtet wurde.
Bei der Erde hatte man schon früh herausgefunden, daß ihr Inneres heiß sein muß. Wenn man ein Loch in die Erde bohrt, so steigt die Temperatur mit zunehmender Tiefe immer weiter an. Andere Hinweise auf ein heißes Erdinneres findet man in den heißen Quellen und den Vulkanen (die wohl bei den Menschen früherer Zeiten die Vorstellung von einer heißen Unterwelt, einer Hölle also, ausgelöst haben dürften).
Die modernen Vorstellungen über das Innere der Erde stammen aus der Analyse von Erdbebenwellen, die durch den Erdkörper hindurchwandern können. Aus dem Weg, den sie nehmen, der Laufzeit, die sie benötigen, und der Tatsache, daß sie gelegentlich ihre Ausbreitungsrichtung sprunghaft ändern, kann man eine ganze Menge über den Aufbau des Erdkörpers lernen. Erdbebenwellen sind somit für die »Durchleuchtung« unseres Planeten ebenso wichtig wie Röntgenstrahlen für die Durchleuchtung lebender Körper.
Aufgrund dieser Untersuchungen nimmt man an, daß die Temperatur bis zum Erdmittelpunkt beständig bis auf rund 5000 Grad Celsius ansteigt; das wären immerhin rund 90 Prozent der etwa 5500 Grad Celsius heißen Sonnenoberfläche.
Diese hohe Temperatur im Erdinnern führte dazu, daß weite Bereiche um den Erdmittelpunkt flüssig waren (und teilweise noch immer sind), als die Erde ihre heutige Größe erreichte. Wenn aber eine Flüssigkeit aus verschiedenen Bestandteilen zusammengesetzt ist, die sich nicht vermischen lassen, so werden die dichteren, schwereren Anteile absinken und sich um den Mittelpunkt sammeln, während die leichteren, weniger dichten Komponenten zur Oberfläche aufsteigen und wie Eis auf dem Wasser »schwimmen«.
Genau dies hat sich ereignet. Die Erde besteht hauptsächlich aus felsigen Silikatverbindungen und einem Gemisch aus Metallen wie Eisen und Nickel im Verhältnis

neun zu eins. Das Metall ist im Kern konzentriert; man nennt ihn daher auch Eisen-Nickel-Kern. Um ihn heraum legt sich der Silikat-Mantel. Der Mantel ist fest, denn seine Temperatur ist selbst an der heißesten Stelle (am tiefsten Punkt also) nicht höher als 2700 Grad Celsius, und das reicht nicht aus, um das Gestein zu schmelzen. Die Temperatur im Kern ist dagegen bedeutend höher; sie genügt, um Eisen zu verflüssigen; deshalb hat die Erde einen flüssigen Kern.
Die Hitze im Innern der Erde wurde in der frühen Phase der Planetenentstehung »angesammelt« – vor viereinhalb Milliarden Jahren; eine Milliarde Jahre werden gelegentlich auch ein Äon genannt, so daß wir sagen können, die Erde entstand vor viereinhalb Äonen. Vor rund vier Äonen war das heftige Bombardement der Planetesimalen vorüber, und seither ist nur noch wenig neue Bewegungsenergie in Wärme umgewandelt worden. Die Schwerkraft hatte ihr Werk der Planetenentstehung vollendet.
Man sollte annehmen, daß die Erde in diesen vier Äonen vollständig ausgekühlt wäre. Gewiß, das Gestein des Erdmantels und der dünnen Erdkruste ist nicht gerade ein besonders guter Wärmeleiter, so daß die Wärme nur sehr langsam nach außen abstrahlen kann, aber vier Äonen sind eine sehr lange Zeit.
Ein geringer Teil des Materials, aus dem die Erde zusammengesetzt ist, enthält jedoch Elemente wie Uran und Thorium, die aufgrund der starken und der schwachen Kernkraft allmählich zerfallen und Wärme freisetzen. Nach viereinhalb Äonen findet man immer noch vier Fünftel des ursprünglichen Thoriumvorrates und die Hälfte des anfangs vorhandenen Urans. Die Wärmemenge, die beim Zerfall dieser radioaktiven Elemente freigesetzt wird, ist nicht besonders groß, doch sie summiert sich über die Äonen. Sie gleicht zumindest den Wärmeverlust durch Abkühlung aus. Was die Schwerkraft begonnen hat, wird nun also durch die starke und die schwache Kernkraft weitergeführt, so daß sich das Erdinnere über viele Äonen hinweg kaum abkühlen wird.
Naturgemäß hat ein größerer Planet während des Entstehungsprozesses mehr kinetische Energie in Wärme umwandeln können als die Erde. Zum einen ist sehr viel mehr Masse auf diesen Himmelskörper gestürzt, und zum andern war die Auf-

schlaggeschwindigkeit aufgrund der schon vorhandenen größeren Masse und des entsprechend stärkeren Schwerefeldes höher als bei unserem Planeten. Sowohl Masse als auch Geschwindigkeit spielen bei der Größe der Bewegungsenergie eine Rolle. Bei einem großen Planeten erwarten wir daher eine heißere Zentralregion als bei der Erde, bei einem kleinen Himmelskörper entsprechend eine geringere Zentraltemperatur.

Betrachten wir wieder einmal Jupiter. 1973 und 1974 sind zwei Raumsonden (Pioneer 10 und 11) in geringem Abstand am Riesenplaneten vorbeigeflogen. Die Meßdaten, die von beiden Sonden zur Erde gefunkt wurden, erlaubten den Wissenschaftlern eine Abschätzung der Zentraltemperatur des Jupiter.

Die Wolkenoberschicht des Planeten ist rund 71 400 Kilometer vom Zentrum entfernt. Die Temperatur dort liegt bei rund minus 125 Grad Celsius. In einer Tiefe von 2900 Kilometer (das sind nur vier Prozent des Planetenradius) beträgt die Temperatur bereits etwa 5000 Grad Celsius, etwa so viel wie im Mittelpunkt der Erde.

24 000 Kilometer unter der Wolkenobergrenze, nach einem Drittel des Weges zum Planetenzentrum, würde ein Thermometer bereits 11 000 Grad Celsius anzeigen, und am Mittelpunkt selbst vermuten die Wissenschaftler eine Hitze von 30 000 Grad Celsius, mehr als fünfmal so viel wie auf der Sonnenoberfläche.

Aber nicht nur hohe Temperaturen werden im Innern durch die Anziehungskraft hervorgerufen, sondern auch ein starker Druck.

Unter der Einwirkung der Schwerkraft werden die äußeren Schichten eines Planeten zum Zentrum gezerrt; sie drücken dabei auf die unter ihnen liegenden Regionen, die natürlich auch zum Mittelpunkt gezogen werden und ebenfalls auf die unter ihnen liegenden Schichten drücken. Dies geht so weiter bis zum Planetenzentrum: Jede Schicht wird unter dem Gewicht der über ihr lagernden Masse zusammengepreßt und preßt ihrerseits auf die nächst innere Schale. Entsprechend nimmt der Druck nach innen beständig zu.

Einen Druck kann man angeben als Gewicht pro Flächeneinheit. Wenn man beispielsweise ein Gewicht von rund 1020 Gramm auf eine Fläche von 1 mal 1 Zentimeter stellt, dann erzielt man einen Druck von einem bar.

Betrachten wir einmal den Luftdruck unserer Atmosphäre, der durch das Gewicht der Gasmassen unter dem Einfluß der Schwerkraft der Erde entsteht. Auf jedem Quadratzentimeter lastet normalerweise in Meereshöhe ein Luftgewicht von 1033,2 Gramm; das sind 1,013 bar oder 1013 Millibar, der Normalluftdruck »zwischen« Hoch- und Tiefdruckgebiet. Vor der Einführung des neuen Internationalen Systems der Maßeinheiten am 1. Januar 1978 nannte man diesen Druck auch eine »physikalische Atmosphäre«. Da bar und physikalische Atmosphäre jedoch nur um rund ein Prozent voneinander abweichen, kann man die überholten Atmosphärewerte getrost unverändert in bar übernehmen – zumindest, wenn es um kleine Größen wie etwa den Reifenluftdruck geht.*

Der Wasserdruck in großen Meerestiefen ist viel höher als der Luftdruck, da Wasser entschieden dichter als Luft ist und eine entsprechend größere Masse zum Erdmittelpunkt gezogen wird. Man kann ungefähr rechnen, daß pro zehn Meter Wassertiefe der Druck um ein bar zunimmt – in 11 000 Meter Tiefe am Grund des Marianengrabens herrscht demnach ein Druck von etwa 1100 bar.**

Im Erdinnern steigt der Druck noch höher, weil Gestein und Metall ihrerseits wieder dichter als Wasser sind und weil die Tiefen noch weiter reichen, entsprechend also schwereres Material in einer viel dickeren Schicht übereinanderliegt. In 2200 Kilometern Tiefe, nach einem Drittel des Weges zum Erdmittelpunkt, erreicht der Druck bereits 1 Million bar oder einen tausendfach stärkeren Druck ab am tiefsten Punkt des Meeres. In 4000 Kilometer Tiefe ist er auf 2,5 Millionen bar angestiegen und am Erdmittelpunkt erwarten die Wissenschaftler rund 3,7 Millionen bar.

* Da dieser Luftdruck durch einen entsprechenden Gegendruck in unserem Körper ausgeglichen wird, spüren wir nichts von ihm.

** Auch in diesen Tiefen leben noch einige Tierarten, die diesem Außendruck durch einen entsprechend hohen Innendruck standhalten. Brächte man sie an die Wasseroberfläche, würden sie aufgrund des unverändert hohen Innendrucks zerplatzen, während umgekehrt wir »Oberflächenwesen« dem erhöhten Außendruck in dieser Tiefe nicht standhalten könnten.

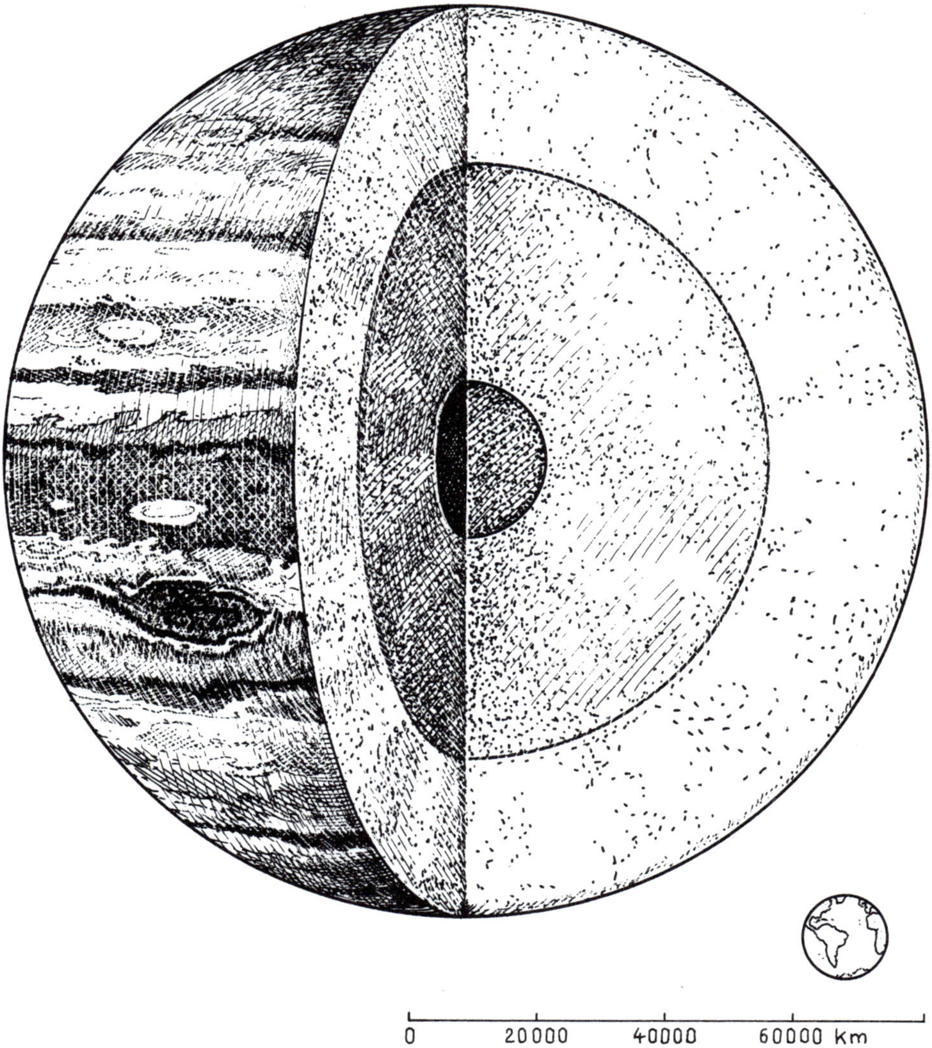

Für den inneren Aufbau des Jupiters konnte anhand der von Raumsonden übertragenen Meßdaten eine Modellvorstellung entwickelt werden: Unterhalb der rund 1000 Kilometer dicken Atmosphäre schließt sich bis etwa 24000 Kilometer Tiefe ein »Mantel« aus flüssigem Wasserstoff an; darunter ist die Last der äußeren Schichten bereits so hoch, daß die Wasserstoffmoleküle unter dem Druck aufbrechen und zu »metallischem« Wasserstoff werden. Im Zentralbereich des Jupiter kann sich ein Gesteinskern befinden. Hier sind die Atome auf etwa drei Viertel ihres ursprünglichen Durchmessern zusammengepreßt.

Dieser unvorstellbare Druck läßt den innersten Teil des flüssigen Erdkernes trotz der hohen Temperatur erstarren, so daß wir zwischen zwei Kernzonen unterscheiden müssen: einem flüssigen äußeren Eisen-Nickel-Kern und einem festen inneren Eisen-Nickel-Kern.
Wieder übertrifft der Jupiter auch in diesem Fall die Erde. Seine Zentralregion muß eine elfmal dickere Materieschicht »ertragen«. Aufgrund des leichteren Materials, aus dem Jupiter besteht, ergibt sich so ein Zentraldruck von rund 10 Millionen bar.

Gegendruck

Wie aber kann das Material im Innern von Himmelskörpern dem gewaltigen Druck der darüberliegenden Schichten widerstehen?
Um diese Frage zu beantworten, wollen wir einmal einen Tisch betrachten, auf dessen Platte wir beispielsweise ein Buch gelegt haben. Die Schwerkraft der Erde möchte dieses Buch in Richtung Erdmittelpunkt zerren. Wenn es sich frei bewegen könnte, würde das Buch in diesem Schwerefeld »nach unten« fallen bis zum Zentrum der Erde, wenn nichts vorher seinen Fall stoppt.
Der Tisch ist aber eine solche »Bremse«, eine Barriere, die den Fall verhindert. Natürlich wird auch der Tisch selbst von der Schwerkraft zum Erdmittelpunkt gezogen. Aber auch er kann nicht fallen, weil er seinerseits wieder auf dem Fußboden steht. Der wiederum wird von den Wänden des Gebäudes getragen, die ihrerseits auf dem Fundament ruhen, das wiederum ...
Wenn wir uns auf das Buch und den Tisch beschränken, warum fällt dann das Buch nicht einfach unter dem Einfluß der Schwerkraft durch die Tischplatte hindurch?
Nun, die Antwort ist einfach: Es kann nicht! Das Buch besteht aus Atomen, und gleiches gilt für den Tisch. Die Außenbezirke all dieser Atome enthalten Elektronen. Man kann also sagen, daß das Buch eine Oberfläche aus Elektronen besitzt und auch der Tisch von einer »Elektronenhaut« überzogen ist.
Diese beiden Elektronenflächen stoßen sich gegenseitig ab. Und da – wie wir schon

gesehen hatten – die elektromagnetische Kraft viel stärker ist als die Schwerkraft, reicht die Anziehung der Erde nicht aus, um das Buch durch die abstoßenden Elektronen des Tisches hindurchzuzerren. Oder anders gesagt: Zwischen der Schwerkraft »nach unten« und der elektromagnetischen Abstoßung »nach oben« bildet sich ein Gleichgewicht aus. Dadurch liegt das Buch unbeweglich auf dem Tisch: Es fällt trotz der Anziehungskraft nicht durch die Tischplatte hindurch, steigt aber andererseits auch trotz der abstoßenden elektromagnetischen Kraft nicht von der Tischplatte auf.

Wenn man immer mehr schwere Bücher auf den Tisch stapelt, kann es geschehen, daß er an einer schwachen Stelle durchbricht. An einer solchen Stelle war dann der elektromagnetische »Kitt« zwischen den Tischatomen dünner als anderswo – die Atome konnten sich voneinander lösen.

Legt man ein Gewicht auf einen anderen Körper, zum Beispiel auf eine Wachsplatte, dann werden die Wachsmoleküle unter dem Druck des Gewichtes beginnen, langsam ihre räumliche Anordnung zu verändern. Das Wachs wird sich verformen, und das Gewicht sinkt in das Wachs hinein. Nicht in die Substanz, natürlich, sondern durch die ursprüngliche Oberfläche hindurch, weil das Wachs Platz gemacht hat.

Beide Erscheinungen kann man auch in den obersten Erdschichten beobachten. Da gibt es Bruchzonen, die die Schwachstellen der Erdkruste anzeigen. In der Tat gibt es in der Erdkruste eine Reihe von riesigen Platten, die sich ständig relativ zueinander bewegen, sich aneinander reiben. Eine unvermittelte Bewegung des Materials auf einer Seite der Kruste gegen das Material auf der anderen Seite ist vergleichbar mit einem plötzlichen Bruch bei Überlastung. Die Folge sind Erdbeben. In einiger Tiefe, dort, wo die Wärme selbst Gestein weich und verformbar macht, kann das heiße Gestein, das sogenannte Magma, wie Wachs durch die Schwachstellen der darüberliegenden harten Schichten vordringen und so einen Vulkanausbruch einleiten.

Je tiefer man in die Erde eindringt, desto kleiner wird allerdings die Zahl der Bruchzonen, und die Verformung wird immer geringfügiger. Etwas anderes muß mit dem Material in großen Tiefen und unter großem Druck geschehen. Und dieses andere ist Verdichtung.

Im Labor sind die Wissenschaftler wohlvertraut mit der Erscheinung des Druckanstiegs bei Gasen. Gase bestehen aus sich rasch bewegenden Molekülen, deren Abstände zueinander groß sind im Verhältnis zu ihrem Durchmesser. Wenn Gas verdichtet wird, rücken die Moleküle enger zusammen, und der leere Raum zwischen ihnen wird gewissermaßen herausgequetscht. Auf diese Weise können Gase auf kleinere Volumen zusammengepreßt werden. Das geht bis zu einem Tausendstel oder noch weniger ihres ursprünglichen Raumbedarfs, ehe alle Leerräume zwischen den Molekülen verschwunden sind und die Moleküle sich gegenseitig berühren.

In Flüssigkeiten und festen Körpern sind die Atome und Moleküle jedoch bereits dicht gedrängt; man kann sie also nicht wie Gas zusammendrücken, indem man leeren Raum entfernt. Deshalb kann man auch keine Veränderung beobachten, wenn man versucht, Flüssigkeiten oder feste Körper zusammenzudrücken. Man nennt diese Materiezustände daher auch »inkompressibel«, was soviel heißt wie »nicht verdichtbar«.

Das stimmt unter normalen Bedingungen, was es möglich macht, daß man mit Flüssigkeiten hydraulische Pressen und Hebewerkzeuge betreiben und ein ganzes Hochhaus in ein Gitterwerk aus Stahl »hängen« kann. Trotzdem ist es nicht unbedingt wahr.

Wenn man Flüssigkeiten oder feste Körper einem allseitigen Druck aussetzt, werden die Atome selbst zusammengepreßt; die Elektronen rücken näher an den Kern heran. Dies geschieht selbst bei geringfügigstem Druck – zum Beispiel, wenn unser Buch auf dem Tisch liegt. Die äußeren Elektronen werden dann an der Kontaktfläche zwischen Buch und Tisch in den Innenbereich der Atome gedrückt; allerdings ist diese Verschiebung unter dem Einfluß alltäglicher Druckwerte so mikroskopisch klein, daß man sie nicht messen kann.

Wenn Atome zusammengepreßt werden und die Elektronen näher an den Atomkern geraten, wird auch die gegenseitige Abstoßung der Elektronen benachbarter

Atome zunehmen, da die Atome ihrerseits ja ebenfalls zusammenrücken. Das ist so ähnlich wie bei einem Springbrunnen, dessen Wasser immer stärker aus der Düse herausdrängt, je mehr man versucht, sie zu verstopfen. Jedesmal wird ein neuer Gleichgewichtszustand erreicht: Ein Druck von außen drückt die Atome zusammen oder hält das Wasser in der Springbrunnendüse zurück, bis der Gegendruck von innen soweit ansteigt, daß er den Druck von außen aufhebt.
Obwohl eine geringfügige Verdichtung ausreicht, um normalen Druckbelastungen zu widerstehen, kann man sich Druckwerte vorstellen, bei denen die Atome meßbar zusammengepreßt werden und die Elektronen spürbar in das Atominnere vordringen. Die Folge davon ist, daß die Atome unter einem solch hohen Außendruck weniger Raum beanspruchen, was bedeutet, daß in einem vorgegebenen Volumen mehr Masse enthalten ist – die Dichte ist gestiegen.
Wir würden daher erwarten, daß die Dichte des Materials im Innern der Erde höher ist als die vergleichbarer Substanzen an der Erdoberfläche, wo lediglich der Druck der Erdatmosphäre auf ihnen lastet.
Tatsächlich nimmt die Dichte mit größer werdender Tiefe und wachsendem Druck zu. Nachdem Cavendish die Masse der Erde bestimmt hatte, konnte man sofort ableiten, daß die Erde nicht überall die gleiche Dichte besitzen könne, daß sie im Innern viel dichter sein müsse als an der Erdoberfläche.
Das Wasser der Meere hat eine mittlere Dichte von ein Gramm pro Kubikzentimeter, während die mittlere Dichte des Gesteins in der äußeren Kruste bei etwa 2,8 Gramm pro Kubikzentimeter liegt. Die mittlere Dichte der Erde als Ganzes dagegen beträgt 5,52 Gramm pro Kubikzentimeter.
Da die Außenzonen der Erde eine geringere Dichte als diesen mittleren Wert aufweisen, müssen die Zentralgebiete eine höhere Dichte haben. Dies wird zum einen durch die andere Zusammensetzung erreicht: Der Erdkern besteht ja aus geschmolzenem Eisen und Nickel, und diese Kombination ist tatsächlich dichter als das Gestein der Erdkruste. Eisen beispielsweise, der Hauptbestandteil des Erdkernes, hat an der Erdoberfläche eine mittlere Dichte von 7,86 Gramm pro Kubikzentimeter. Doch das allein reicht noch nicht, um die beobachtete mittlere Dichte der

Erde als Ganzes zu erklären. Hinzu muß noch eine weitere Verdichtung des Materials durch den Druck der darüberliegenden Schichten kommen.
Der Erdmantel reicht von wenig unterhalb der Erdoberfläche bis in Tiefen um 2900 Kilometer, rund vier Neuntel des Weges bis zum Erdmittelpunkt. In diesem Bereich ist die Zusammensetzung des Materials überall nahezu gleich. Eine Probe davon hätte an der Erdoberfläche eine mittlere Dichte von rund 3 Gramm pro Kubikzentimeter. Mit wachsender Tiefe nimmt die Dichte aber zu bis auf fast 6 Gramm pro Kubikzentimeter am unteren Rand des Mantels. Die durchschnittliche Dichte des Mantels ist somit 4,5 Gramm pro Kubikzentimeter.
Bei einer Tiefe von 2900 Kilometer gelangt man aus dem Gesteinsmantel in den flüssigen Eisen-Nickel-Kern, und hier ist ein plötzlicher Dichtesprung zu beobachten, da Eisenatome dichter »gepackt« und schwerer sind als Siliziumverbindungen. Während Eisen an der Erdoberfläche aber eine mittlere Dichte von 7,86 Gramm pro Kubikzentimeter besitzt, wiegt ein Kubikzentimeter des Kerns unter dem Druck des 2900 Kilometer dicken Erdmantels bereits 9,5 Gramm. Und die Dichte nimmt noch zu, je weiter man in den Kern vordringt. Am Erdmittelpunkt erreicht sie einen Wert von annähernd 12 Gramm pro Kubikzentimeter. Die durchschnittliche mittlere Dichte des Kernes liegt demnach bei 10,7 Gramm pro Kubikzentimeter. Selbst die hohe Dichte im Erdkern ist aber immer noch nur halb so groß wie die mittlere Dichte von Osmium an der Erdoberfläche. Bestünde der Erdkern aus reinem Osmium, so würde er unter dem Druck des Erdmantels eine mittlere Dichte von 30 Gramm pro Kubikzentimeter haben.
An früherer Stelle in diesem Buch wurde gesagt, daß die Anziehungskraft bei gleichförmig durchmischter Erde mit konstanter mittlerer Dichte gleichmäßig abnehme, wenn wir zum Zentrum der Erde vordringen. Aufgrund der unterschiedlichen Dichte ist das in Wirklichkeit nicht ganz so. Im Erdkern, der wenig mehr als 16 Prozent des Erdvolumens umfaßt, sind 31,5 Prozent der Erdmasse konzentriert, und so steigt die Anziehungskraft zunächst noch an, wenn wir näher an diesen Kern herankommen. Tatsächlich hätten wir an der Grenze zwischen Mantel und Kern im Vergleich zur Erdoberfläche ein um sechs Prozent erhöhtes Gewicht. Dann al-

lerdings, im Bereich des Erdkernes, nimmt die Anziehungskraft bis auf Null am Erdmittelpunkt ab.
Dort, im Zentrum der Erde, ist der Durchmesser der Atome unter dem Druck der Erdmassen auf 85 Prozent der »normalen« Größe zusammengepreßt. Die Elektronen sind also um 15 Prozent des normalen Abstandes näher an die Atomkerne herangerückt – ein Betrag, der ausreicht, um die Last der Erdmasse auszuhalten. Dies ist ein weiteres Beispiel für die entschieden stärkere Wirkung der elektromagnetischen Kraft im Verhältnis zur Anziehungskraft.

Sterne

Wir sehen also, daß alle Objekte bis hin zur Größe eines Jupiter stabil sind, und zwar aufgrund der elektromagnetischen Kraft.
Das beginnt schon mit einzelnen Gasmolekülen, kleinen Staubteilchen, größeren festen Partikeln bis hin zu Kieselsteinen, Felsbrocken und Bergen: Sie alle werden nur durch die elektromagnetische Kraft zusammengehalten. Die Schwerkraft derart kleiner Körper ist so gering, daß man sie vernachlässigen kann.
Bei Objekten von der Größe eines Kleinplaneten wird dann auch die Gravitationskraft wirksam: Nun reicht sie aus, um die Materie spürbar zum Zentrum zu ziehen. Die Innenbezirke erfahren daher einen Druck aufgrund dieser Schwerkraft, und zwar um so mehr, je größer die Objekte werden, über Mond und Erde bis hin zu Saturn und Jupiter. Immer werden die Atome im Zentrum soweit zusammengepreßt, bis der Druck ausreicht, die Last der darüberliegenden Schichten zu ertragen.
Dieser Gleichgewichtszustand ist dann nahezu unveränderbar.
Stellen wir uns einmal vor, ein Körper von der Größe der Erde oder des Jupiter wäre allein im Universum. Dann würden sich Schwerkraft und elektromagnetische Kraft für immer die Waage halten, und der Aufbau des Körpers bliebe bis in alle Ewigkeit im wesentlichen unverändert. Es gäbe vielleicht das eine oder andere Erd-

beben mit kleinen Korrekturen der räumlichen Anordnung einzelner Schichten oder Platten. Der Planet würde langsam auskühlen, bis auch im Innern keine Wärme mehr vorhanden wäre; die Ozeane und die Atmosphäre würden ausfrieren. Doch aus astronomischer Sicht wären dies alles belanglose Veränderungen.
Das Gleichgewicht besteht jedoch nicht zwischen gleichen Partnern. Obwohl die elektromagnetische Kraft ungleich stärker ist als die Schwerkraft, bleibt sie letztlich unterlegen.
Die elektromagnetische Kraft ist nämlich trotz ihrer Stärke nur in den einzelnen Atomen wirksam. Jedes Atom tief im Innern wird zusammengedrückt und kann dabei von seinen Nachbarn keine Hilfe erwarten, denn sie erleiden ja das gleiche Schicksal. Wenn daher der Druck für ein Atom an die Grenze des Erträglichen kommt, sind auch alle anderen Atome der Umgebung diesem Druck ausgesetzt. Und wenn der Druck schließlich diese Grenze übersteigt, ist jedes einzelne Atom, sind also alle Atome am Ende ihrer Widerstandskraft.
Anders bei der Schwerkraft. Sie ist zwar unvergleichlich viel schwächer als die elektromagnetische Kraft, aber ihre Stärke nimmt zu, je mehr Materie man an einen Ort bringt: Jedes neue Materiestück fügt sein eigenes Schwerefeld hinzu und hilft, ein gewaltiges Gesamtfeld aufzubauen. Hier gibt es keine obere Grenze. Im Endeffekt wird daher die elektromagnetische Kraft, die den Widerstand gegen die Druckkompression organisiert, der Last der Schwerkraft erliegen.
Die elektromagnetische Kraft kann im Fall der Erde den Druck der Erdmassen »stöhnend« ertragen – eine Verkleinerung der Atome um 15 Prozent ist noch nicht sehr »schmerzvoll«. Bei Jupiter mit seinem stärkeren Schwerefeld und der größeren Masse ist die Last noch größer, das »Stöhnen« der elektromagnetischen Kraft noch lauter. Aber immer noch reicht der Widerstand aus, um dem Druck der Massen unter ihrer eigenen Schwerkraft standzuhalten.
Was aber geschieht, wenn wir einen noch größeren Materiehaufen nehmen? Müßte dann nicht das Schwerefeld dieses gewaltigen Himmelskörpers irgendwann so stark werden, daß der entstehende Druck im Zentrum die Belastungsgrenze der elektromagnetischen Kraft übersteigt? Und müßten dann nicht die Atome schließlich in

sich zusammenstürzen wie die Tischplatte, die unter einer zu schweren Last zusammenbricht?

Andererseits können wir fragen, ob es solch massereiche Himmelskörper überhaupt gibt, Himmelskörper, die mehr Masse enthalten als Jupiter. Es könnte ja sein, daß – aus Stabilitätsgründen beispielsweise – die Masse des Jupiter so etwas wie eine obere Grenze darstellt.

Doch das ist natürlich falsch. Jupiter ist zwar der bei weitem massereichste Planet, den wir in unserem Sonnensystem beobachten können, aber viel näher als er steht uns ein Himmelskörper, gegen den selbst Jupiter ein Zwerg ist – die Sonne.

Das Größenverhältnis Sonne–Jupiter ist ähnlich dem Verhältnis Jupiter–Erde. Die Sonne hat einen Durchmesser von 1 392 000 Kilometer; damit ist sie rund 9,75mal so groß wie Jupiter. Man müßte fast 10 Jupiterkugeln nebeneinander anordnen, um den Durchmesser der Sonne zu simulieren. Andererseits braucht man etwas mehr als elf Erdkugeln, wenn man den Durchmesser des Jupiter darstellen möchte.

Ähnlich ist das Verhältnis bei den Massen: Jupiter hat eine 317,9fache Erdmasse, während die Sonne 1047,3 Jupitermassen enthält. Einen weiteren Hinweis auf die gewaltige Größe der Sonne im Vergleich zu jedem Planeten liefert die Oberflächenschwerkraft. An der sichtbaren Oberfläche der Sonne ist die Anziehungskraft 28mal so stark wie an der Erdoberfläche und rund 10,5mal so stark wie an der Obergrenze der Jupiteratmosphäre.

Die Entweichgeschwindigkeit von der Sonnenoberfläche beträgt 617 Kilometer pro Sekunde; sie ist um den Faktor 55 größer als die Entweichgeschwindigkeit von der Erdoberfläche, um den Faktor 10,3 größer als die Entweichgeschwindigkeit vom Jupiter aus. Selbst in einer Entfernung von 149,6 Millionen Kilometer zur Sonne, im Abstand der Erdbahn also, braucht man noch eine Startgeschwindigkeit von 42,1 Kilometer pro Sekunde, um dem Anziehungsbereich der Sonne zu entfliehen.

Diese Geschwindigkeit ist deutlich höher als die Entweichgeschwindigkeit aus dem Erdschwerefeld. Wenn man also eine Raumsonde so stark beschleunigt, daß sie das Schwerefeld der Erde verlassen kann, bleibt sie trotzdem noch im Anziehungsbereich der Sonne. Sie wird zwar nicht mehr um die Erde kreisen, wohl aber eine Bahn um die Sonne beschreiben.

Bislang haben erst vier von Menschenhand geschaffene Körper eine Geschwindigkeit erreicht, die genügt, um dem Schwerefeld der Sonne zu entrinnen. Es sind die Raumsonden Pioneer 10, Pioneer 11, Voyager 1 und Voyager 2, die an Jupiter vorbeiflogen und von dessen Schwerefeld noch einmal »nachträglich« beschleunigt wurden. (Natürlich muß man dabei berücksichtigen, daß in Jupiterentfernung die Entweichgeschwindigkeit der Sonne nicht mehr so groß ist wie im Abstand Sonne–Erde; sie liegt »dort draußen«, wo die Anziehungskraft der Sonne schon bedeutend schwächer ist als hier an der Erde, bei 18,5 Kilometer pro Sekunde.)

Es gibt aber wesentlichere Unterschiede zwischen Sonne und Jupiter als die Größe und die Masse. Jupiter ist zwar viel größer als die Erde, aber er ist immer noch ein Planet. Beide, Jupiter und Erde, sind – zumindest an der Oberfläche – kalt und wären dunkel, wenn sie nicht das auftreffende Sonnenlicht reflektieren würden.

Die Sonne dagegen ist ein Stern. Sie leuchtet mit ihrem eigenen Licht, hell und glühend.

Ist es ein Zufall, daß die Sonne einerseits viel massereicher ist als jeder Planet und andererseits so viel heller leuchtet, oder gibt es einen entsprechenden Zusammenhang?

Man könnte ja immerhin annehmen, daß folgende Beziehung wirksam ist: Wenn ein Himmelskörper entsteht, wird die kinetische Energie der auftreffenden »Bausteine« in Wärme umgewandelt. Das hatten wir schon früher im Zusammenhang mit der Entstehung der Planeten erkannt. Und dabei ergab sich, daß ein Körper im Innern um so heißer war, je mehr Masse er enthielt: Die Erde ist im Kern weißglühend, Jupiter noch heißer.

Demnach hätte die Sonne, die ja weit mehr Masse besitzt als Jupiter, eine noch höhere Zentraltemperatur. Sie könnte ausreichen, um selbst die Oberfläche ständig auf eine Temperatur von 5500 Grad Celsius aufzuheizen.

Leider hat diese Überlegung einen entscheidenden Fehler: Es läßt sich leicht zeigen, daß sie zur Erklärung des Sonnenfeuers nicht ausreicht.

Die Sonne strahlt eine ungeheure Menge Energie an den umgebenden Weltraum ab, und wir können sicher sein, daß sie dies schon sehr lange durchhält. Zumindest gibt es in keiner Geschichtschronik einen Hinweis auf Veränderungen der Sonneneinstrahlung. Nicht einmal die viel weiter zurückreichende biologische Chronik deutet darauf hin, daß die Sonne vor vielen Millionen Jahren mehr oder weniger Energie abgestrahlt hat; die Fossilienfunde lassen eine solche Vermutung nicht zu. Soviel Energie kann die Sonne aber gar nicht während ihrer Entstehung aus der Umwandlung von Bewegung in Wärme gespeichert haben.

Im Jahre 1853 hat der deutsche Physiker Hermann Ludwig Ferdinand von Helmholtz (1821–1894) versucht, die notwendige kinetische Energie zur Deckung der Sonnenstrahlung zu berechnen. Er fand heraus, daß die Sonne innerhalb von 25 Millionen Jahren sich von ursprünglich 300 Millionen Kilometer Durchmesser auf den heutigen Wert hätte zusammenziehen müssen, wollte man ihre Energieabstrahlung aus der Umwandlung von kinetischer Energie in Wärme erklären.

Mit einer Größe von 300 Millionen Kilometer hätte die Sonne aber die ganze Umlaufbahn der Erde ausgefüllt. Die Erde könnte demnach nicht älter als 25 Millionen Jahre sein, da sie ja zuvor noch von der Sonne umgeben gewesen wäre. Das aber war unmöglich: Geologen und Biologen waren sicher, daß die Erde viel älter sein mußte.

Die Sonne konnte also ihre Energie nicht aus der Kontraktion schöpfen. Welche Energiequelle aber reichte aus, um die Sonne über Jahrmilliarden hindurch mehr oder minder gleichmäßig viel Strahlung abgeben zu lassen, ohne daß die Sonne sich dabei abkühlte? Während des vergangenen Jahrhunderts hatte man keine Vorstellung von der Natur dieser Energiequelle.

Die Wende kam mit dem Beginn unseres Jahrhunderts, als man begann, den Aufbau der Atome zu verstehen. Man entdeckte die Existenz von Atomkernen und erkannte, daß in diesen Kernen weit mehr Energie gespeichert ist als etwa in den Elektronen, aus denen man die gewöhnlicheren Energieformen wie etwa Elektrizität bezieht.

Die Sonne ist daher alles andere als ein einfacher Feuerball. Sie ist gewissermaßen ein Atombrennofen. Irgendwo in ihrem Innern wird die Energie genutzt, die die Kernkraft freisetzt, und die Kernkraft ist bekanntlich tausendmal stärker als die elektromagnetische Wechselwirkung.

Entartete Materie

Die mittlere Dichte der Sonne liegt bei 1,41 Gramm pro Kubikzentimeter, wenig höher als die des Jupiter. Einen solchen Wert erwartet man von Flüssigkeiten oder festen Körpern, die aus den leichtesten Atomsorten bestehen. Für Gase erscheint eine derartige Dichte unmöglich, da selbst das dichteste Gas auf der Erde nur wenig mehr als ein Prozent der mittleren Sonnendichte besitzt.

Darüber hinaus beschreibt der Wert von 1,41 Gramm pro Kubikzentimeter ja nur die durchschnittliche Dichte der Sonne. Tief im Innern, unter dem gewaltigen Druck der darüberliegenden Schichten, muß die Sonnenmaterie auf eine deutlich höhere Dichte komprimiert sein.

Es besteht kein Zweifel daran, daß die äußersten Schichten der Sonne gasförmig sind. Das kann man schon an den gelegentlich hervorbrechenden Materieauswürfen, den sogenannten Protuberanzen, erkennen, die im Fernrohr zu beobachten sind. Es handelt sich dabei eindeutig um leuchtende Gaswolken. Außerdem liegt die Oberflächentemperatur bei 5500 Grad Celsius, und keine bekannte Substanz kann unter normalem Druck bei derart hohen Temperaturen fest oder flüssig bleiben.

Das Innere der Sonne muß aber noch beträchtlich heißer sein. Allerdings sind auch die Druckwerte entschieden höher. Noch kurz vor der Jahrhundertwende nahm man daher an, daß die Materie im Innern der Sonne unter dem gewaltigen Schwerkraftdruck der darüber liegenden Zonen zu einer festen oder flüssigen, auf jeden Fall aber weißglühenden Masse zusammengepreßt würde, wie dies beim Jupiter der Fall ist. Dieser dichte Sonnenkern wäre dann eine Erklärung für die relativ hohe mittlere Dichte der Sonne.

Genauere Überlegungen über die Eigenschaften der Sonne im ersten Viertel unseres Jahrhunderts führten dann aber zu dem Ergebnis, daß sich die Sonne auch im Innern wie ein gasförmiger Körper verhält. Für die Wissenschaftler um 1890 wäre dies noch völlig unvorstellbar gewesen, aber eine Generation später konnte es keinen Zweifel mehr daran geben, weil man inzwischen eine Menge über die Natur der Atome gelernt hatte. Man kam dahinter, daß das winzige Atom ein im wesentlichen leerer Raum ist, der von noch winzigeren Teilchen erfüllt wird.
Und so stellte man das fest:
Im Zentrum der Erde sind die Atome unter der Last der über ihnen liegenden Schichten rund 15 Prozent kleiner als »normal«, und diese Durchmesserverringerung läßt die elektromagnetische Abstoßung der Elektronen benachbarter Atome so weit erstarken, daß sie dem Druck der Schwerkraft widerstehen können: Sie tragen die Erde gewissermaßen wie eine Vielzahl von Miniaturausgaben der griechischen Sagenfigur Atlas. Die Atome im Kern des Jupiter sind noch stärker komprimiert, und auch hier entsteht ein Gegendruck, der die Last der äußeren Jupiterschichten trägt.
Doch selbst Miniaturausgaben des Atlas haben eine Leistungsgrenze. Die Masse der Sonne reicht aus, durch ihre eigene Schwerkraft die Widerstandsfähigkeit der Atome zu brechen. Der Druck im Innern der Sonne wird auf 100 Milliarden bar geschätzt, rund zehntausendmal höher als im Zentrum des Jupiter. Bei der Sonne ist also so viel Masse zusammengekommen, daß ihre gesammelte Schwerkraft die elektromagnetische Kraft »ausschalten« kann. Die elektromagnetische Kraft aber ist für den Aufbau normaler Atome zuständig. Wenn sie unterliegt, dann brechen die Atome zusammen.
Eigentlich sind es nur die Elektronenschalen, die zerbrechen. Dadurch werden die Elektronen frei beweglich und bilden eine Art »Elektronengas«, wobei sie weniger Raum beanspruchen als in der festen Struktur der Elektronenschalen. Wenn sie näher zusammenrücken, steigt aber auch die gegenseitige Abstoßung, und so kann ein Elektronengas einen stärkeren Außendruck – etwa durch die Gravitationslast der Sonne – ertragen als intakte, normale Atome.

Innerhalb des Elektronengases können sich natürlich auch die ehemaligen Atomkerne frei bewegen; sie können sich näher kommen und sogar zusammenstoßen. In normalen Atomen, wie sie etwa auf der Erde oder selbst im Zentrum des Jupiter existieren, kann man die Elektronenschalen mit Puffern vergleichen: Elektronenbahnen eines Atoms können von Elektronenschalen eines anderen Atoms nicht oder nur wenig gekreuzt werden; und so lange sich die Atomkerne im Mittelpunkt dieser Elektronenschalen aufhalten müssen, bleiben sie untereinander relativ weit entfernt. Sobald dagegen die Elektronenschalen »geknackt« und die Elektronen zu einem dichten Gas komprimiert sind, kann der gegenseitige Abstand der Atomkerne beträchtlich schrumpfen.

Eine solche Materie mit aufgeknackten Elektronenschalen, ein Elektronengas also mit umhertreibenden Atomkernen, wird »entartet« genannt. Entartete Materie kann viel dichter gepackt werden als normale Materie. Atomkerne enthalten nämlich den Löwenanteil der Masse, und wenn sie enger beieinanderstehen, enthält ein vorgegebenes Volumen mehr Masse als bei normaler Materie, ist die Dichte entsprechend viel höher.

Unabhängig von dieser hohen Dichte können sich die Atomkerne im Elektronengas frei bewegen, so wie Atome oder Moleküle eines normalen Gases. Da Atomkerne nämlich nur ein Billiardstel des Volumens im normalen Atom einnehmen, kann man sie getrost dichter packen, ohne daß sie sich gleich berühren und zu einem festen Körper verschmelzen. Entartete Materie ist also als Ganzes trotz der hohen Dichte wie eine Gas zu betrachten, und sie verhält sich auch so – ein »Kerngas«, wenn man so will.

Zum ersten Mal hat der Schweizer Astronom Jakob Robert Emden (1862–1940) im Jahre 1907 diese Vorstellung von einer durch und durch »gasförmigen« Sonne entwickelt. Sie wurde 1916 von seinem englischen Kollegen Arthur Stanley Eddington (1882–1944) aufgegriffen und ausgebaut.

Eddington wies nach, daß eine Sonne, die in den Außenbereichen aus gewöhnlichem Gas und im Innern aus entarteter Materie besteht, sich genauso verhält wie ein rein gasförmiger Körper. Man konnte also die Gasgesetze auf die Sonne anwen-

Die gewaltige Last der äußeren Sonnenschichten reicht aus, um im Innern die Wasserstoffatome zerbrechen zu lassen. So werden atomare Umwandlungsprozesse möglich, die eine fast unbegrenzte Energiequelle erschließen. Doch wenn die Kernenergie im Innern verbraucht ist, wird die Schwerkraft die Überhand gewinnen und die Sonne zu einem vielleicht planetengroßen Körper schrumpfen lassen. (Foto: Hahn)

den und dann Modellvorstellungen entwickeln. Vom Gas wissen wir aber aufgrund von Laboruntersuchungen, daß sich immer ein Gleichgewichtszustand einstellt zwischen der Kraft, die es zusammendrücken möchte, und der Temperatur des Gases, die eine Ausbreitung der Gasatome oder -moleküle anstrebt.

Danach muß also auch im Fall der Sonne der Schwerkraftdruck durch die innere Temperatur ausgeglichen werden. Da aber die Stärke des Sonnenschwerefeldes und damit der Druck der äußeren Sonnenschichten auf die Zentralregion bekannt war, konnte Eddington ausrechnen, wie hoch die Temperatur im Innern der Sonne sein mußte, um der Last der Sonnenmaterie zu widerstehen.

Die Ergebnisse waren überraschend. Der enorme Druck, den die Sonnenschichten aufgrund der eigenen Schwerkraft auf das Zentrum ausüben, führt zu einer Dichte von rund 100 Gramm pro Kubikzentimeter, ein Wert, der viermal größer ist als beim dichtesten Material, das wir auf der Erdoberfläche kennen. Trotz dieser extrem hohen Dichte im Kern verhält sich die Sonne wie ein durch und durch gasförmiger Körper. Die Zentraltemperatur wird auf rund 15 Millionen Grad beziffert. So hoch jedenfalls muß sie sein, damit der Kern dem Druck der darüberliegenden Schichten widerstehen kann. Und diese Temperatur sorgt dann auch dafür, daß sich die gasförmige Sonne weit genug ausdehnt, um eine mittlere Dichte von 1,41 Gramm zu erreichen. Wir wundern uns jetzt also weniger über die Größe der Dichte, sondern eher über die Kleinigkeit des Wertes.
Was aber läßt derart hohe Temperaturen im Innern der Sonne entstehen? Damals, zu Zeiten eines Ernest Rutherford, war klar, daß die Kernenergie allein ausreichen würde. Kernreaktionen, bei denen Atomkerne Hadronen aufnehmen, abgeben oder austauschen, setzen viel mehr Energie frei als die uns geläufigen chemischen Reaktionen, bei denen die Atome Elektronen aufnehmen, abgeben oder austauschen. Für die chemischen Reaktionen ist die elektromagnetische Kraft zuständig, für die Kernreaktionen die Kernkraft, und die ist – das hatten wir schon am Anfang des Buches gesehen – viel stärker als die elektromagnetische.
Die nächste Frage wäre dann, welche Kernreaktionen im Innern der Sonne ablaufen.
Ehe man diese Frage beantworten kann, muß man erst etwas über die chemische Zusammensetzung der Sonne wissen. Sonst hat man keine Vorstellung von der Art der Atomkerne, die im Innern der Sonne vorhanden sind, die also für die Kernreaktionen in Frage kommen.
Zum Glück kann die chemische Zusammensetzung der Sonne aus der Untersuchung des Sonnenlichts abgeleitet werden. Licht kann man als Strahlung bestimmter Wellenlängen betrachten, und Sonnenlicht ist eine Mischung aller möglichen Wellenlängen.
Unterschiedliche Atome senden Strahlung verschiedener Wellenlängen aus, die

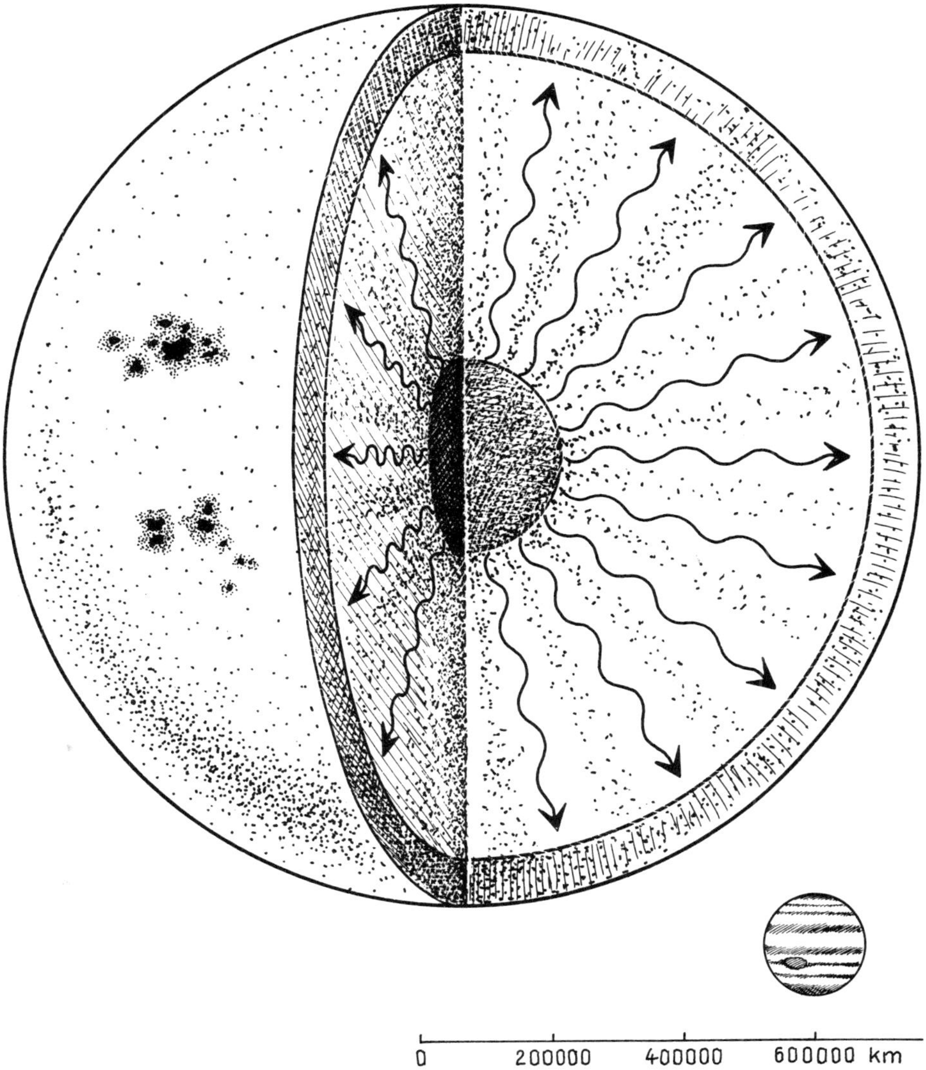

Auch die Sonne weist trotz ihres durchgehend gasförmigen Zustandes eine deutliche Dreiteilung auf: Im Zentralbereich sind Temperatur und Druck ausreichend hoch, um die Materie zu einem »Kerngas« entarten zu lassen – die Atome sind aufgeknackt, und Elektronen und Atomkerne können sich wie Gasmoleküle frei bewegen; so wird die Kernverschmelzung möglich, die Energiequelle der Sonne. In einer breiten »Mantelzone« wird diese Energie durch interne Strahlung nach außen transportiert, und erst auf den oberen 70000 Kilometern übernimmt die Materie selbst den Energietransport: die aufgeheizten Gasmassen steigen zur Oberfläche auf, kühlen sich ab und sinken wieder in die Tiefe (Konvektionsströmung). Die dunkel erscheinenden Sonnenflecken sind magnetische Störzonen, in denen die Temperatur etwas niedriger ist als auf der normalen Sonnenoberfläche.

jeweils charakteristisch für die Atomsorte sind; gelegentlich verschlucken sie auch Licht genau dieser für sie typischen Wellenlängen. Mit Hilfe eines Spektroskops kann nun das Sonnenlicht in seine einzelnen Wellenlängen aufgefächert werden – man erhält ein Spektrum, in dem die verschiedenen Wellenlängenbereiche als Farben sichtbar werden.
Unser Auge empfindet unterschiedliche Wellenlängen nämlich als Farben, und der Regenbogen ist das wohl bekannteste Beispiel für solch ein Spektrum. In diesem Sonnenspektrum findet man Tausende dunkler Linien: Die ursprünglich vorhandene Strahlung ist von Atomen der obersten Sonnenschicht, der Chromosphäre, verschluckt worden. Die Lage dieser dunklen Linien kann sehr genau vermessen werden, so daß man die Wellenlängen der dazugehörigen Strahlung bestimmen kann, und daraus lassen sich die entsprechenden Atomsorten ermitteln.
Schon im Jahre 1862 konnte der schwedische Physiker Anders Johann Angström (1814–1874) die Existenz von Wasserstoff in der Sonne nachweisen. Seither hat das Wissen um die Zusammensetzung der Sonne stetig zugenommen, und 1929 vermochte der amerikanische Astronom Henry Norris Russell (1877–1957) die chemischen Bestandteile der Sonne mit beachtlicher Genauigkeit aufzulisten.
Dabei zeigte sich, daß 90 Prozent aller Atome in der Sonne Wasserstoffatome sind. Es erscheint daher sinnvoll anzunehmen, daß auch der Sonnenkern vorwiegend Wasserstoffatomkerne enthält, einzelne Protonen also. Die Kernreaktionen, die im Innern der Sonne ablaufen und die Sonne ständig mit neuer Energie versorgen, müssen also mit Sicherheit Wasserstoffatomkerne, also Protonen, mit einbeziehen. Es gibt einfach nicht genügend Atomkerne eines anderen chemischen Elementes im Innern der Sonne, die zur Deckung des nunmehr schon seit 5 Milliarden Jahren abgestrahlten Energievorrates herangezogen werden könnten.
Im Jahre 1938 nutzte der deutsch-amerikanische Physiker Hans Albrecht Bethe (1906–) die Kenntnis über Kernreaktion, um die Vorgänge im Innern der Sonne zu beschreiben.

Die hohen Druck- und Dichtewerte im Innern der Sonne führen dazu, daß die Wasserstoffatomkerne – die Protonen – ohne den Schutz der Elektronenhüllen sehr eng zusammenrücken. Aufgrund der enormen Temperatur bewegen sie sich außerdem mit einer Geschwindigkeit, die weit über dem liegt, was unter normalen Umständen auf der Erde denkbar ist. Beides zusammen, die räumliche Enge und die hohe Geschwindigkeit, ermöglichen sehr häufige und heftige Zusammenstöße der Protonen untereinander. Und manchmal bleiben sie dann zusammen, verschmelzen zu einem größeren Kern.

Die Einzelheiten dieser Prozesse mögen im Detail noch Fragen offenlassen, doch die Richtung erscheint sicher: Im Zentralbereich der Sonne verschmelzen Wasserstoffatomkerne zu Heliumkernen; Helium ist das nächsthöhere Element. Vier Protonen verbinden sich zu einem Heliumkern, der aus vier Nukleonen besteht – zwei Protonen und zwei Neutronen.

Das ist ein wesentlicher Unterschied zwischen einem Planeten und einem Stern. In einem Planeten führt der Schwerkraftdruck zu einer Kompression der Atome, die ihrerseits aufgrund der steigenden elektromagnetischen Abstoßung einen gleichstarken Gegendruck auslöst. Im Innern der Sonne kann die aufgrund des stärkeren Schwerefeldes sehr viel höhere Last der Außenschichten von den Atomen nicht mehr ertragen werden – die Atome werden unter dem Druck gewissermaßen zerschmettert. Statt dessen wird die Schwerkraft durch die enorme Wärme gebremst, die bei den Kernreaktionen freigesetzt wird. Diese Umwandlungsprozesse sind unter den Druck- und Temperaturwerten im Innern eines Planeten nicht möglich.

Ohne Zweifel gibt es eine kritische Masse, unterhalb derer der Himmelskörper ein Planet bleibt, da die Atome dann dem Druck der Gesamtmasse widerstehen können. Wird sie aber überschritten, so brechen die Atomstrukturen zusammen, Kernreaktionen werden möglich, und der Himmelskörper ist ein Stern. Irgendwo im Bereich zwischen Jupiter- und Sonnenmasse muß diese kritische Masse liegen.

Man kennt Sterne, deren Masse viel kleiner ist als die der Sonne. So hat zum Beispiel der Stern Luyten 726-8 B nur etwa fünf Prozent der Sonnenmasse, und trotzdem sehen wir ihn im eigenen Licht leuchten. Luyten 726-8 B, ein Sternchen im Sternbild Walfisch, hat nur vierzigmal mehr Masse als Jupiter, aber er ist bereits ein Stern und kein Planet mehr.

Und selbst Jupiter ist »verdächtig«. Immerhin strahlt er rund doppelt so viel Energie in den Weltraum ab, wie er von der Sonne empfängt. Woher stammt diese zusätzliche Energie?
Man vermutet, daß Jupiter sich immer noch geringfügig zusammenzieht. Die Bewegungsenergie, die dabei freigesetzt wird, kann dann in Wärme umgewandelt werden. Vielleicht ist aber auch der Druck im Innern des Planeten so gewaltig, daß die Atome bis an die Grenze ihrer Belastbarkeit zusammengepreßt werden und eine geringfügige Verschmelzung des Wasserstoffs eingesetzt hat – gerade ausreichend, um das Mehr der von Jupiter ausgesandten Energie zu decken.
Doch selbst wenn es so ist, wenn Jupiter an der Schwelle zum Atomofen steht, brauchen wir eine plötzliche Zündung nicht zu befürchten: Wenn die Masse bislang nicht gereicht hat, das Wasserstoffbrennen zu entzünden, wird sie es auch in Zukunft nicht können.

IV. Weiße Zwerge

Rote Riesensterne und dunkle Begleiter

Es gibt noch einen weiteren Unterschied zwischen Planeten und Sternen, der – auf lange Sicht gesehen – von größerer Bedeutung ist als die Tatsache, daß Planeten weniger Masse besitzen als Sterne oder daß Planeten kalt und dunkel sind, Sterne dagegen heiß und selbstleuchtend.

Planeten befinden sich in einem Zustand dauernden Gleichgewichts zwischen ihrer eigenen Anziehungskraft, die sie zusammenziehen möchte, und dem elektromagnetischen Feld komprimierter Atome, das diesem Druck entgegenwirkt. Solange keine Störeinflüsse von außen wirksam werden, bleibt dieses Gleichgewicht nach unseren heutigen Erkenntnissen erhalten. Wäre unsere Erde beispielsweise allein im Universum, so wäre sie zwar erkaltet und unbewohnt, aber ihr innerer Aufbau bliebe wahrscheinlich für immer unverändert.

Bei Sternen sprechen wir dagegen von einem dynamischen Gleichgewicht; sie können ihre Stabilität nur dadurch erkaufen, daß sich in ihrem Innern dauernd etwas verändert. Gewiß, der Druck der Sonnenmassen unter ihrer eigenen Schwerkraft bleibt im wesentlichen konstant, aber der Gegendruck aufgrund der hohen Temperatur ist abhängig von den Kernreaktionen, die Wasserstoff in Helium umwandeln. Die Sonne kann nur deswegen ihren Zustand bewahren, weil in ihrem Innern fortwährend in jeder Sekunde 597 Millionen Tonnen Wasserstoff zu 593 Millionen Tonnen Helium verschmolzen werden. Die verbleibenden 4 Millionen Tonnen wandeln sich dabei in Energie um, die dann in Form von Strahlung an den Weltraum abgegeben wird.

Zum Glück ist der Vorrat an Wasserstoff im Innern der Sonne so groß, daß wir trotz der hohen Umwandlungsrate in absehbarer Zukunft keine drastischen Veränderungen zu befürchten brauchen. Immerhin hat die Sonne trotz dieses Massenverlusts bereits fünf Milliarden Jahre überstanden, und die Astronomen rechnen damit, daß sie noch einmal so lange lebt.

Doch selbst weitere fünf Milliarden Jahre sind keine Ewigkeit. Was passiert, wenn der Wasserstoffvorrat nicht mehr ausreicht?

Nach dem, was die Astronomen bislang aus dem Studium der Kernreaktionen und der unterschiedlichen Sterntypen abgeleitet haben, bedeutet das Schwinden des Wasserstoffs den Anfang einer völligen Umwandlung des Sternaufbaus.
Die Sonne lagert beispielsweise während des beständigen Wasserstoff-Brennens die Helium-»Asche« im Kern an. Heliumkerne sind aber kompakter als Wasserstoffkerne, und so steigt die Dichte im Innern der Sonne. Die Folge ist eine Kontraktion der Kernregion unter ihrer eigenen Schwerkraft, wodurch der Kern noch heißer wird. Das geht so weit, bis die zusätzliche Wärme und der damit verbundene Druck die Außenschichten der Sonne aufblähen.
Obwohl die insgesamt zur Verfügung stehende Energie der Sonne dann größer sein wird, steht zur Abstrahlung eine viel größere Oberfläche zur Verfügung. Durch jedes einzelne Oberflächenteilstück wird dann weniger Wärme nach außen dringen als heute – die riesige Oberfläche wird kälter sein als die Sonnenoberfläche heute: anstatt 5500 Grad Celsius vielleicht nur noch 2500 Grad. Bei dieser Temperatur wird die Sonne aber nur noch rotglühend leuchten. Aus der Verbindung von Größe und Farbe ist auch der Name für diese Lebensphase eines Sternes entstanden – man nennt ihn jetzt einen Roten Riesen. Beteigeuze im Sternbild Orion und Antares im Skorpion gehören zu dieser Gruppe.
Unsere Sonne kann sich während dieser Zeit bis über die Merkurbahn hinaus ausdehnen, vielleicht sogar bis zur Venusbahn. (Ein massereicherer Stern als die Sonne würde als Roter Riese noch größer; stünde Antares beispielsweise an der Stelle der Sonne, so würde sein riesiger Umfang noch die Bahnen von Merkur, Venus, Erde und Mars einschließen.)
Natürlich wird die Erde dann unbewohnbar werden. Schon zu Beginn der Ausdehnung, wenn die Sonne anfängt, heißer zu werden, steigen die Temperaturen auf der Erde über die für die Existenz von Leben erträgliche Grenze. Vielleicht hat die Menschheit – sollte sie dann noch existieren – bis dahin längst die Möglichkeit, auf ferne Planeten anderer Sonnen auszuweichen oder künstliche Kolonien in größerer Sonnenentfernung zu errichten.
Wenn die Sonne ihre größte Ausdehnung erreicht, wird ihr Wasserstoffvorrat im

Kern aufgebraucht sein. Aufgrund der Verdichtung im Kern wird die Region aber heiß genug sein (mindestens 100 Millionen Grad), um die im Laufe der Äonen entstandenen Heliumatome zu noch größeren Atomkernen zu verschmelzen. Auf diese Weise entstehen Atomkerne bis hin zum Eisen, das 26 Protonen und 30 Neutronen im Kern enthält.

Allerdings ist die Energieausbeute dieser »höheren« Kernreaktionen rund zwanzigmal kleiner als die Ausbeute bei der Verschmelzung von Wasserstoff zu Helium. Darüber hinaus ist mit Eisen eine obere Grenze erreicht: Will man noch größere Atomkerne produzieren, so muß man Energie hinzufügen.

Wenn der Wasserstoff daher aufgebraucht ist und der Rote Riese seinen größten Durchmesser erreicht hat, vermag er aus den Kernreaktionen nicht mehr sehr viel Energie zu beziehen. Seine weitere Lebenserwartung wird von den Astronomen auf bedeutend weniger als 1 Milliarde Jahre beziffert.

Und wenn die Kernreaktionen abnehmen und schließlich aufhören, gibt es nichts mehr, was sich dem gewaltigen Sog der Schwerkraft entgegenstemmen könnte. Auf diesen Moment hat die Gravitation Milliarden Jahre gewartet, in denen sie beständig und geduldig nach innen gezerrt und Druck auf jeden Widerstand ausgeübt hat. Nun hat sie gewonnen: Die aufgeblähte Sonne, jeder Rote Riese kann nur noch schrumpfen.

Dieses Schrumpfen bringt uns auf der »Autobahn zum Schwarzen Loch« mit zunehmender Beschleunigung ans Ziel. Lediglich an zwei Rastplätzen müssen wir noch eine kurze Pause einlegen.

Den ersten Halt kennen wir aufgrund einer Entdeckung des deutschen Astronomen Friedrich Wilhelm Bessel (1784–1846), der als erster die Entfernung zu einem benachbarten Stern gemessen hat.

Sterne haben eine Eigenbewegung, aber sie ist kaum meßbar, weil die Sterne in sehr großen Entfernungen stehen.

Neben der Eigenbewegung sollte man noch eine weitere Bewegung der Sterne beobachten können, eine scheinbare Bewegung, die entsteht, weil unsere Blickrichtung sich im Laufe eines Jahres ändert, wenn wir auf der Erde die Sonne umrunden.

Bedingt durch diese Bewegung der Erde um die Sonne beschreibt jeder Stern am Himmel eine winzige Ellipse, die um so kleiner ist, je weiter der Stern von der Erde entfernt steht. Wenn man also die Größe dieser Ellipse (die sogenannte Parallaxe) messen könnte, ließe sich daraus die Entfernung zum Stern bestimmen.
Im Jahre 1838 verkündete Bessel, daß es ihm gelungen sei, mit einer aufwendigen und ausgeklügelten Beobachtungstechnik die Entfernung zu einem lichtschwachen Stern mit der Bezeichnung 61 Cygni (im Sternbild Schwan) zu bestimmen: Etwas mehr als 100 Billionen Kilometer trennen uns von diesem Stern. Selbst das Licht, das in jeder Sekunde fast 300000 Kilometer zurücklegt, braucht elf Jahre, ehe es diese Strecke durcheilt hat. Man sagt daher auch, 61 Cygni sei 11 Lichtjahre von uns entfernt.
Im Verlaufe seiner weiteren Beobachtungen wollte Bessel auch die Entfernung zu Sirius bestimmen, der aus mancherlei Gründen sogar noch näher zu stehen schien als 61 Cygni. Immerhin ist Sirius im Sternbild Großer Hund der hellste Stern am Himmel, und dieser »Rekord« könnte ja auf eine besonders geringe Entfernung zurückzuführen sein.
Bessel studierte sorgfältig Nacht für Nacht die Position des Sirius und bestimmte seine Eigenbewegung, die relativ zu den »Hintergrundsternen« sehr langsam war. Er erwartete, daß die Bewegung sich so verändern würde, daß sie – entsprechend der Erdbewegung um die Sonne – die Form einer Ellipse annahm. Diese Ellipse gab es auch, aber er fand zusätzlich noch eine überlagerte Bewegung, die eindeutig nichts mit der Bahn der Erde um die Sonne zu tun haben konnte.
Nach einer sorgfältigen Analyse der rätselhaften Siriusbewegung kam Bessel schließlich zu dem Ergebnis, daß Sirius sich auf einer ihm eigenen Ellipsenbahn bewegt und für einen Umlauf rund 50 Jahre benötigt.
Eine solche sterneigene Ellipsenbewegung ist nur denkbar unter dem Einfluß eines Schwerefeldes. Anders konnte Bessel sich dieses »Tänzeln« des Sirius nicht erklären, und auch wir wüßten heute keine bessere Deutung. Ein Schwerefeld, das in der Lage ist, einen Stern in eine Umlaufbahn zu zwingen, kann seinerseits aber nur von einer so großen Massekonzentration stammen, wie man sie in einem Stern vorfindet.

Bessel konnte jedoch in der unmittelbaren Umgebung des Sirius nichts ausmachen, das als Quelle für dieses Schwerefeld hätte herhalten können. Er nahm daher an, daß es sich zwar um einen sternähnlichen Begleiter der Sirius handelte, der jedoch kein eigenes Licht aussandte, sondern dunkel blieb. Es war gewissermaßen ein riesiger, sternengroßer Planet. Die Astronomen sprachen daher zunächst von einem dunklen Begleiter des Sirius.
Bessel fand auch bei Prokyon, einem anderen hellen Stern (im Sternbild Kleiner Hund), eine derartige wellenförmige Bewegung, und er schloß daraus, daß auch Prokyon einen solchen dunklen Begleiter haben müsse. Es schien fast, als seien dunkle Begleiter weitverbreitet, eine Tatsache, die lediglich dadurch unentdeckt geblieben war, weil man die Objekte aufgrund ihres fehlenden Leuchtens nicht hatte direkt sehen können.
Heute wären wir mit einer solchen Schlußfolgerung sehr vorsichtig, denn wir wissen, daß bei jedem Objekt mit hinreichend großer Masse die bekannten Kernreaktionen zünden, daß ein Stern leuchten muß, wenn er auch nur im entferntesten Ähnlichkeit mit unserer Sonne besitzt. Wer gleichzeitig über eine sternähnliche Masse verfügen und dunkel bleiben will, muß unter ganz anderen Bedingungen existieren als unsere Sonne.
Für Bessel und seine Zeitgenossen war jedoch ein dunkler Stern nichts Ungewöhnliches: Es war ein Stern, der eben aus irgendwelchen Gründen aufgehört hatte zu leuchten. Er hatte seine Energie verbraucht (welcher Natur auch immer sie sein mochte – von Kernreaktionen hatte Bessel natürlich nie etwas gehört) und existierte nun weiter, so groß wie vorher und mit dem gleichen Schwerefeld wie zuvor, aber eben kalt und dunkel.
Wie hätte Bessel das Objekt auch sonst deuten sollen? Von Roten Riesen und gar einem möglichen Zusammenhang zwischen ihnen und den dunklen Begleitern konnten die Wissenschaftler damals nichts ahnen.

Superdichte

Im Jahre 1862 brachte der amerikanische Fernrohrbauer Alvan Graham Clark Licht in das Dunkel um die dunklen Begleiter. Clark arbeitete gerade an einer Linse für ein Fernrohr, das die Universität von Mississippi unmittelbar vor Beginn des amerikanischen Bürgerkrieges bestellt hatte. (Der Bürgerkrieg machte eine Auslieferung dorthin unmöglich, und so ging das Fernrohr statt dessen an die Universität von Chicago.)

Nachdem Clark die Linse fertig geschliffen und poliert hatte, entschloß er sich zu einem letzten Beobachtungstest unter realen Bedingungen am Himmel, um zu sehen, ob seine Arbeit erfolgreich gewesen war. Er richtete das neue Teleskop unter anderem auch auf Sirius und bemerkte in unmittelbarer Nachbarschaft einen schwachen Lichtpunkt, der auf keiner Sternkarte verzeichnet war.

Zunächst befürchtete Clark, es könne sich um die Auswirkung eines Fehlers in der Linse handeln, durch den ein Teil des Lichts abgelenkt wurde und der so das schwache Sternchen vorgaukelte. Weitere Tests ergaben jedoch, daß die Linse einwandfrei war: Clark konnte durch nichts die Position des Lichtpunkts verändern oder ihn gar verschwinden lassen. Darüber hinaus stand der Lichtpunkt genau an der Stelle, an der man den dunklen Begleiter des Sirius zu diesem Zeitpunkt vermutete.

So kam Clark zu der Überzeugung, daß er eben diesen bislang für dunkel gehaltenen Begleiter des Sirius gesehen haben mußte. Er war zwar sehr lichtschwach mit lediglich 0,1 Promille der Helligkeit von Sirius, aber er war nicht absolut dunkel. Über Nacht war der dunkle Begleiter des Sirius zum lichtschwachen Begleiter geworden, der nun Sirius B genannt wurde. Sirius selbst erhielt die Bezeichnung Sirius A, und beide zusammen sind seither als Doppelsternsystem bekannt.

1895 konnte der deutsch-amerikanische Astronom Johann Martin Schaeberle (1853–1924) auch den »dunklen« Begleiter von Prokyon erkennen – er war ebenfalls ein »lichtschwacher« Begleiter, Prokyon B.

Zunächst schien dies wenig zu ändern. Offenbar waren die Begleiter noch nicht völlig ausgebrannt, aber sie waren zumindest sterbende Sterne kurz vor dem Verlöschen.

Zum Zeitpunkt der Entdeckung von Prokyon B kam jedoch Bewegung in die Deutung der »lichtschwachen« Begleiter.

1893 hatte der deutsche Physiker Wilhelm Wien (1864–1928) zeigen können, daß die »Farbe« des Lichtes, das von einem heißen Körper ausgesandt wird, von dessen Temperatur abhängt. Wenn man das Licht eines Sterns durch ein Prisma zu einem Spektrum auffächert, kann man die Intensität des Lichts bei unterschiedlichen Wellenlängen messen (die »Farbe« ist ja nur das Überwiegen eines bestimmten Wellenlängenbereiches) und so eine Auskunft über die Temperatur des strahlenden Körpers erhalten.

Nach Wiens Gesetz müßte ein flackernder, verlöschender Stern, ein Stern also, der immer kälter wird, tiefrot leuchten. Sirius B und Prokyon B jedoch sind weißleuchtend – lichtschwach schon, aber weiß.

Die Bestimmung der Sternfarbe aufgrund visueller Beobachtung reichte nicht aus. Man brauchte ein Spektrum, um die Wellenlängen und dunklen Linien im einzelnen bestimmen zu können. Allerdings war es nicht leicht, ein Spektrum von einem derart lichtschwachen Stern aufzuzeichnen, dessen Licht durch die unmittelbare Nähe eines hellen Sterns noch überstrahlt wurde.

Erst im Jahre 1915 konnte der amerikanische Astronom Walter Sydney Adams (1876–1956) ein Spektrum von Sirius B gewinnen. Die Ergebnisse seiner Untersuchungen waren eindeutig: Sirius B ist alles andere als ein verlöschender, flackernder Stern. Er hat eine heiße Oberfläche, fast so heiß wie die des Sirius, beträchtlich heißer als die der Sonne jedenfalls. Sirius A hat eine Oberflächentemperatur von rund 10000 Grad Celsius, Sirius B ist 8000 Grad heiß, die Sonne dagegen nur 5500 Grad.*

* Astronomen geben die Temperaturen schon lange in Einheiten der absoluten Temperaturskala an, die beim absoluten Nullpunkt (−273,16° C) beginnt; eine Temperaturangabe in Kelvin ist also immer um 273,16 Grad höher als die gleiche Temperatur, ausgedrückt in Grad Celsius. Da dieser Unterschied bei hohen Temperaturen nur noch wenige Prozent ausmacht, behalten wir in diesem Buch die im Alltag gebräuchlichen Celsiusangaben bei.

Aus der Temperatur von Sirius A können wir errechnen, wie hell die Sternoberfläche ist: Jede Flächeneinheit ist viermal so hell wie ein vergleichbares Teilstück der Sonnenoberfläche. Aus der scheinbaren Helligkeit, also der Lichtmenge, die bei uns ankommt, und der Entfernung von 8,8 Lichtjahren können wir weiter ermitteln, wieviel Licht Sirius A insgesamt an den Weltraum abgibt – es ist 35mal mehr als die von der Sonne abgestrahlte Lichtmenge. Aus beiden Werten zusammen findet man, daß Sirius A rund 1,8mal so groß sein muß wie die Sonne, um bei der vierfachen Leuchtdichte die 35fache Lichtmenge der Sonne abzustrahlen. Das bedeutet, der Durchmesser von Sirius A beträgt 2 500 000 Kilometer.
Man erkennt daraus, daß um die Jahrhundertwende die Astronomen erstmals die Größe der Sonne relativieren konnten: Die Sonne, die jahrtausendelang als glanzvollster Himmelskörper »regiert« hatte, von der alles Leben auf der Erde abhängt, diese Energiequelle im Sonnensystem ist lediglich ein durchschnittlicher Stern, mehr nicht. Sirius A ist fast zweimal so groß, fast zweimal so heiß wie die Sonne, mehr als dreißigmal so leuchtkräftig wie sie. Doch sollten wir uns nun nicht nachträglich um den hellsten Stern als Mittelpunkt unseres Systems betrogen fühlen – stünde nämlich Sirius A an der Stelle der Sonne, so hätten wir zwar einen gleißenden Stern, aber er wäre so heiß, daß unsere Ozeane verdampfen und das Leben auf der Erde innerhalb kürzester Zeit ersterben müßte.
Das Rätsel war jedoch immer noch Sirius B. Seine Oberflächentemperatur weist darauf hin, daß bei ihm durch jede Flächeneinheit annähernd ebensoviel Licht dringt wie bei Sirius A. Wenn Sirius B trotzdem soviel lichtschwächer ist, dann muß entsprechend seine Oberfläche kleiner sein – viel kleiner, wie sich bald herausstellte. Aus der Oberflächentemperatur und der Helligkeit läßt sich errechnen, daß die Oberfläche von Sirius B rund 2 800mal kleiner sein muß als die von Sirius A. Entsprechend ist der Durchmesser von Sirius B um den Faktor 53 kleiner als der des Hauptsternes: 47 000 Kilometer. Sirius B ist also planetengroß, vergleichbar mit Uranus und Neptun, dreimal kleiner noch als Jupiter, mit einem Dreißigstel seines Volumens; Sirius B ist nur 3,7mal so groß wie die Erde.
Die Arbeit von Adams hatte zur Entdeckung einer völlig neuen Klasse von Sternen

geführt – Sterne, die aufgrund ihrer hohen Temperatur weißglühend sind, andererseits aber im Vergleich zu normalen Sternen zwergenhaft erscheinen. Sirius B ist ein Weißer Zwerg und Prokyon B ebenfalls, wie sich bald darauf herausstellte. Hätte Sirius B nicht nur die Größe eines Planeten, sondern auch die Masse, so könnte man sich seine hohe Oberflächentemperatur nicht erklären. Objekte von der Masse eines Uranus oder Neptun entwickeln im Innern nicht genügend Druck, um das atomare Feuer zu entzünden.

Aber Sirius B konnte ohnehin nicht die Masse eines Planeten haben, ganz gleich wie groß er war. Wenn er nicht selbst die Masse eines Sterns in sich vereinigte, wäre er nicht in der Lage, einen so großen Stern wie Sirius A aus seiner gradlinigen Bewegung abzulenken; zumindest nicht so deutlich.

Aus der bekannten Entfernung von Sirius A und B zu uns und aus der scheinbaren Entfernung zwischen beiden am Himmel können wir den wahren Abstand zwischen Sirius A und Sirius B errechnen: Er liegt bei drei Milliarden Kilometer. Das ist rund zwanzigmal die Entfernung Sonne–Erde oder etwas mehr als die Strecke Sonne–Uranus. Während Uranus aber 84 Jahre braucht, um die Sonne einmal zu umrunden, benötigt Sirius B nur rund 50 Jahre für einen Umlauf um Sirius A. Das gemeinsame Schwerefeld von Sirius A und Sirius B ist damit etwa 3,4mal so stark wie das Schwerefeld von Sonne und Uranus. Die beiden Partner des Sirius-Systems haben also 3,4mal soviel Masse wie die Sonne und Uranus zusammen; dabei fällt die Uranusmasse im Vergleich zur Sonnenmasse natürlich nicht ins Gewicht.

Sirius B kreist übrigens nicht im eigentlichen Sinne um Sirius A; vielmehr umlaufen beide den gemeinsamen Schwerpunkt. Man kann sich die beiden Sterne wie die Enden einer Hantel vorstellen, die sich um den Schwerpunkt dreht. Wären die beiden Endpunkte genau massegleich, so befände sich der Schwerpunkt des Systems genau in der Mitte der Hantelstange. Ist dagegen der eine massereicher als der andere, so rückt der Schwerpunkt näher an die schwere Seite heran, und zwar abhängig vom Masseunterschied.

Bei der Sonne und ihren Planeten ist die Sonne immer deutlich massereicher; der Schwerpunkt ist daher in jedem Fall so nahe am Sonnenzentrum, daß man ohne

allzu große Ungenauigkeit sagen kann, die Planeten bewegen sich um die Sonne. Das gilt auch noch für das System Erde–Mond: Immerhin ist die Erde noch 81,3mal massereicher als der Mond, und entsprechend ist der Schwerpunkt 81,3mal näher am Erdmittelpunkt als am Mondmittelpunkt. Und auch bei den anderen Monden im Sonnensystem kann man sagen, sie umkreisen ihre Planeten.
Im Fall von Sirius A und Sirius B ist die Masse des Systems dagegen gleichmäßiger aufgeteilt, befindet sich der Masseschwerpunkt irgendwo zwischen beiden Sternen. Beide umrunden diesen Schwerpunkt und verändern daher ihre Positionen am Himmel. Andernfalls hätte Bessel die Wellenbewegung des Sirius ja gar nicht erkennen können.
Aus der Bahnbewegung von Sirius A und Sirius B kann man die Lage des Schwerpunktes bestimmen und damit den Abstand der beiden Sterne zu diesem Punkt. Daraus ergibt sich, daß Sirius A zweieinhalbmal mehr Masse besitzen muß als Sirius B. Die Gesamtmasse beträgt aber – wie wir gesehen hatten – 3,4 Sonnenmassen, so daß der helleuchtende Sirius A etwa 2,4 Sonnenmassen, der im Fernrohr kaum sichtbare Sirius B etwa eine Sonnenmasse in sich vereint.
Daß Sirius A 2,4mal massereicher als die Sonne ist, überrascht uns nicht: Schließlich ist er ja größer, heißer und heller als diese. Sirius B dagegen ist eindeutig ungewöhnlich. Trotz des planetenähnlichen Durchmessers verfügt er über eine Masse vergleichbar der Sonnenmasse.
Das heißt nichts anderes, als daß er extrem dicht sein muß. Seine mittlere Dichte liegt bei rund 35 Kilogramm pro Kubikzentimeter, dreitausendmal höher als im Zentrum der Erde und immer noch 350mal höher als im Mittelpunkt der Sonne. Das Ergebnis der Messungen und Rechnungen von Adams schlug damals wie eine Bombe ein. Es war zunächst schwer, einen solchen Dichtewert als wahr anzunehmen und zu verstehen. Und das, obwohl vier Jahre zuvor Rutherford nachgewiesen hatte, daß der überwiegende Anteil der Atommasse im winzigen Kern vereint ist. Doch die Wissenschaftler hatten sich noch nicht so recht an diese Erkenntnis gewöhnen können, und der Gedanke an zerbrochene Atome, bei denen die Bruchstücke einander weit näher kommen konnten als in »normalen« Atomen, war noch

etwas schwer verdaulich. Es erhoben sich daher ernsthafte Zweifel an der Möglichkeit der Existenz von Weißen Zwergen.

Einsteins Rotverschiebung

Kurz nach der Arbeit von Adams wurde eine völlig andere, unabhängige Methode zur Bestimmung einer Sternmasse vorgestellt.
Im Jahre 1915 veröffentlichte Albert Einstein (1879–1955) seine Allgemeine Relativitätstheorie. Sie enthielt eine völlig neuartige Blickweise auf das Universum als Ganzes. Gemäß dieser Theorie sollten unter anderem einige Phänomene beobachtbar sein, die mit den »alten« Theorien nicht erklärbar wären. So zum Beispiel sollte ein massereicher Körper durch sein Schwerefeld die von ihm ausgehende Strahlung in charakteristischer Weise verändern.
Schon früher hatte Einstein nach Vorarbeiten von Max Planck (1858–1947) zeigen können, daß man Licht nicht als reine Wellenerscheinung betrachten könne, sondern als Wellen»pakete« ansehen müsse, die sich in gewisser Weise wie Partikel verhielten. Diese Lichtteilchen wurden »Photonen« genannt in Anlehnung an das griechische Wort für Licht.
Im Zustand der Ruhe, der Bewegungslosigkeit also, hätten Photonen keine Masse – man sagt, sie haben die Ruhmasse Null. Entsprechend könnten sie dann auch nicht zur Quelle eines Schwerefeldes werden oder auf vorhandene Schwerefelder reagieren. Allerdings befinden sich Photonen nie im Zustand der Ruhe. Sie rasen vielmehr (im luftleeren Raum) mit konstanter Geschwindigkeit durch das Weltall. Die Geschwindigkeit ist zwar unvorstellbar groß, aber meßbar: 299792,5 Kilometer pro Sekunde. Auch alle anderen ruhmasselosen Teilchen bewegen sich mit dieser Geschwindigkeit. Jetzt aber besitzen sie eine gewisse Energie (und damit aufgrund der Äquivalenz von Masse und Energie so etwas wie Masse). Zwar kann ein Schwerefeld die Geschwindigkeit des Lichtes im Vakuum nicht ändern, wohl aber die Richtung; und es kann den Photonen Energie abnehmen.

Die Lichtablenkung wurde im Jahre 1919 erstmals überprüft. Damals konnte in Afrika eine totale Sonnenfinsternis beobachtet werden, bei der einige helle Sterne in unmittelbarer Nähe der verdunkelten Sonne standen. Einsteins Theorie sagte nun voraus, daß das Licht dieser Sterne im Schwerefeld der Sonne geringfügig abgelenkt, zur Sonne hin gekrümmt werde; als Folge davon würden die Positionen der Sterne leicht verändert erscheinen, etwas weiter von der Sonne abgerückt als in Wirklichkeit.

Also wurde die Himmelsgegend einmal während der Sonnenfinsternis fotografiert, ein zweites Mal ein halbes Jahr später, als die Sonne genau auf der gegenüberliegenden Seite des Himmels stand und ihr Schwerefeld sicher keinen Einfluß mehr auf das Licht der betreffenden Sterne ausüben konnte. Dann verglich man die Positionen der Sterne auf beiden Aufnahmen miteinander und fand, daß sie tatsächlich in der vorhergesagten Weise voneinander abwichen. Das Licht der Sterne war durch das Schwerefeld der Sonne aus seiner an sich gradlinigen Ausbreitungsrichtung abgelenkt worden. Dies war ein wichtiger Schritt auf dem Weg zur Anerkennung der Einsteinschen Überlegungen.

Natürlich waren die Astronomen bestrebt, die Theorie weiteren Überprüfungen zu unterziehen. Wie stand es beispielsweise um den Energieverlust der Photonen in einem Schwerefeld? Licht, das etwa von der Sonne ausgeht, muß dabei gegen deren Anziehungskraft ankämpfen. Besäßen Photonen eine Masse, so würde ihre Geschwindigkeit unter dem Sog des Schwerefeldes abnehmen. Da sie aber die Ruhmasse Null haben, kann ihre Geschwindigkeit durch das Schwerefeld nicht reduziert werden; ihre Energie aber müßte nach Einsteins Aussagen geringer werden. Dieser Energieverlust mußte sich im Sonnenspektrum nachweisen lassen. Je kleiner die Energie eines Photons ist, desto langwelliger ist das in diesem »Wellenpaket« enthaltene Licht. Im Spektrum, wo das Licht nach wachsender Wellenlänge von Violett (kurzwelliges Licht) bis Rot (langwelliges Licht) angeordnet ist, beobachtet man einen kontinuierlichen Übergang von energiereichem, violettem Licht zu energieärmerem, rotem Licht.

Wenn das Sonnenlicht nun aufgrund der Anziehungskraft der Sonne Energie verliert, müßte die Wellenlänge eines jeden Photons geringfügig zum Roten hin verschoben sein. Eine derartige Rotverschiebung müßte beispielsweise erkennbar werden, wenn man die Lage der dunklen Spektrallinien im Sonnenspektrum mit der Lage von Spektrallinien vergleicht, die von einem Körper in einem viel schwächeren Schwerefeld ausgehen; beispielsweise mit Spektrallinien, die im Labor auf der Erde erzeugt werden.

Es zeigte sich aber bald, daß diese Messung bei der Sonne kein Ergebnis bringen konnte. Der von Einstein vorhergesagte Effekt ist so winzig, daß selbst das Schwerefeld der Sonne nicht ausreicht, um eine meßbare Rotverschiebung zu produzieren.

Eddington, der damals versuchte, den inneren Aufbau der Sonne zu ergründen, schlug daraufhin vor, das Spektrum von Sirius B auf die von Einstein vorhergesagte Rotverschiebung hin zu untersuchen. Eddington, ein begeisterter Anhänger der Allgemeinen Relativitätstheorie, wies darauf hin, daß dieses Objekt zugleich massereich und extrem dicht sei, so daß man bei ihm also vielleicht den Effekt würde nachweisen können. Denn nicht so sehr das Schwerefeld als Ganzes ist für die Gravitationsrotverschiebung verantwortlich als vielmehr die Oberflächenschwerkraft, die Anziehungskraft an der Stelle also, an der das Licht seine Reise in den Weltraum antritt.

Das Schwerefeld der Sonne ist zwar aufgrund des Masseunterschiedes 333 500mal stärker als das Schwerefeld der Erde, doch die Sonnenoberfläche ist so weit vom Sonnenmittelpunkt entfernt, daß ihre Oberflächenschwerkraft nur etwa 28mal so stark ist wie die Oberflächenschwerkraft der Erde.

Und wie sieht es bei Sirius B aus? Er enthält die Masse der Sonne verdichtet auf die Größe des Uranus. Sein Schwerefeld ist also genauso stark wie das der Sonne, doch man ist viel näher am Mittelpunkt dieses Himmelskörpers, wenn man auf seiner Oberfläche steht – in Gedanken natürlich.

Die Oberflächenschwerkraft von Sirius B ist somit um den Faktor 840 größer als bei der Sonne und 23 500mal so groß wie bei unserer Erde. Entsprechend sollte die Gravitationsrotverschiebung bei Sirius B viel ausgeprägter sein als bei der Sonne.

Eddington schlug Adams, dem Sirius-B-Experten, vor, das Spektrum von Sirius B erneut zu untersuchen und nach der von Einstein vorausgesagten Rotverschiebung Ausschau zu halten. 1925 gelang dieser Versuch, und Adams konnte tatsächlich die Rotverschiebung nachweisen; sie entsprach genau den theoretischen Werten.

Damit hatte man nicht nur einen neuen Beweis für die Richtigkeit der Allgemeinen Relativitätstheorie Albert Einsteins, sondern auch ein weiteres Argument für die Tatsache, daß Sirius B wirklich so massereich und gleichzeitig so kompakt war, wie das Adams bereits zehn Jahre zuvor aus seinen Messungen errechnet hatte. Anders hätte Sirius B nämlich die Rotverschiebung in der beobachteten Stärke gar nicht auslösen können.

Von 1925 an konnte es daher an der Existenz von Weißen Zwergen keinen Zweifel mehr geben.

Die gewaltige Oberflächenschwerkraft bewirkt eine extrem hohe Entweichgeschwindigkeit. Eine Rakete, die von der Erdoberfläche aus den Anziehungsbereich der Erde verlassen soll, braucht eine Startgeschwindigkeit von 11,18 Kilometer pro Sekunde. Wer von der Sonnenoberfläche aus das Sonnensystem verlassen will, muß eine Startgeschwindigkeit von 617 Kilometer pro Sekunde erreichen, und die Entweichgeschwindigkeit für ein Objekt an der Oberfläche von Sirius B schließlich liegt bei 3300 Kilometer pro Sekunde.

Für irdische Verhältnisse sind 11,18 Kilometer pro Sekunde schon ziemlich schnell, doch 3300 Kilometer pro Sekunde, das ist gewaltig – es sind immerhin 1,1 Prozent der Lichtgeschwindigkeit.

Entstehung von Weißen Zwergen

Wir wollen noch einmal sehen, was mit der Sonne geschieht, nachdem sie im Stadium des Roten Riesen all ihren Kernbrennstoff verbraucht hat. Sie wird dann unter ihrer eigenen Anziehungskraft, der ja nun nicht mehr der Gasdruck infolge der

hohen Zentraltemperatur entgegenwirkt, zu schrumpfen anfangen, bis etwas anderes den Schrumpfprozeß aufhält.
Während sie so in sich zusammensinkt, wird ihre Dichte zunehmen, bis sie den Punkt erreicht, an dem all ihre Atome dicht gedrängt beisammenstehen, so wie das bei planetaren Körpern wie etwa Erde oder Jupiter der Fall ist. Doch die Anziehungskraft einer Sonnenmasse ist so groß, daß sie ausreicht, durch den Druck der Massen die Atome zu zerschmettern. Also geht der Schrumpfungsprozeß weiter. Wenn noch überhaupt etwas ihn aufhalten soll, so kann es nur durch die Teilchen geschehen, aus denen die Atome zusammengesetzt sind.
Was sind das für Teilchen, und wie verändern sie sich im Laufe eines Sternenlebens?
Am Anfang besteht jeder Stern überwiegend aus Wasserstoffatomen. Sie aber enthalten im Kern ein einziges, positiv geladenes Proton und im Außenbezirk ein einsames, negativ geladenes Elektron, das die elektrische Ladung des Kernteilchens kompensiert.
Im Verlauf eines Sternenlebens wird der Wasserstoff langsam, aber beständig zu Helium »verbrannt«. Bei diesem Prozeß, das hatten wir gesehen, werden vier Wasserstoffatome zu einem Heliumatom verschmolzen, werden zwei Protonen in zwei elektrisch neutrale Neutronen umgewandelt. Wenn die Heliumatome sich später während des Roter-Riese-Stadiums zu Eisenatomen umwandeln, werden weitere Protonen zu Neutronen und am Ende ist der Stern eine Mischung von 45% Protonen und 55% Neutronen.
Was aber geschieht unterdessen mit den Elektronen?
Jedesmal, wenn ein positiv geladenes Proton in ein neutrales Neutron umgewandelt wird, muß irgend etwas mit der elektrischen Ladung geschehen. Sie kann sich nicht in Nichts auflösen. Zusammen mit einem winzigen Stück Materie wird sie aus dem verschmelzenden Kern herausgeworfen. Dieser kleine Materiebrocken reicht gerade aus für ein Teilchen mit der Masse eines Elektrons. Doch es enthält im Gegensatz zu diesem keine negative elektrische Ladung, sondern eine positive. Man nennt daher dieses »Elektron mit positiver Ladung« Positron. Immer, wenn

aus vier Wasserstoffkernen ein Heliumkern entsteht, werden gleichzeitig zwei Positronen gebildet.
Wenn ein Positron entstanden ist, wird es schon bald auf eines der unzähligen Elektronen stoßen, die im Innern der Sonne (und überall auch in »normaler« Materie) vorhanden sind. Und obwohl eine elektrisch positive Ladung alleine nicht verschwinden kann und eine elektrisch negative Ladung auch nicht, können beide sich gegenseitig auslöschen, wenn sie sich begegnen. Wenn also ein Positron mit einem Elektron zusammenstößt, werden beide zerstrahlen: Dabei geht sowohl die Masse als auch die Ladung beider Teilchen verloren, beides verwandelt sich in energiereiche Photonen, die sogenannte Gammastrahlung.
Auf diese Weise wird etwa die Hälfte der Elektronen im Laufe eines Sternenlebens vernichtet. Die andere Hälfte genügt zur Kompensierung der elektrisch positiven Ladung der verbliebenen Protonen.
Bei der Umwandlung von Protonen in Neutronen und der gegenseitigen Vernichtung von Elektronen und Positronen geht genügend Masse verloren, die dann in Energie umgeformt wird. So kann die Sonne oder ein anderer Stern die Energieabgabe in Form von Strahlung ein ganzes Sternenleben hindurch aus der Verschmelzung von Wasserstoff decken. Ein weiterer Masseverlust entsteht durch den sogenannten Sonnenwind, ein ständiger Strom von Protonen, der in alle Richtungen abgegeben wird.
Doch all diese Massenverluste sind unbedeutend im Verhältnis zur Gesamtmasse der Sonne. Bis zum Ende des Roter-Riese-Stadiums sind normalerweise allenfalls zwei Prozent der ursprünglichen Masse verlorengegangen, in Energie umgewandelt worden. Und der beträchtliche Rest von 98 Prozent beginnt nun zu schrumpfen.
Elektronen, Protonen und Neutronen kann man sowohl als Teilchen wie auch als Wellen ansehen. Je größer die Masse eines Teilchens ist, desto kleiner ist die dazugehörige Wellenlänge, und desto mehr überwiegt der Teilchencharakter. Je kleiner die Masse, desto größer ist die entsprechende Wellenlänge und desto mehr überwiegt der Wellencharakter.

Protonen sind viel massereicher als Elektronen – sie vereinen 1836 Elektronenmassen in sich. Neutronen sind mit 1838 Elektronenmassen sogar noch etwas massereicher. Protonen und Neutronen enthalten als Wellenpakete sehr kurze Wellenlängen, man betrachtet sie daher vorwiegend als winzige Partikel. Elektronen dagegen umschließen relativ große Wellenlängen und nehmen deshalb viel mehr Raum ein als Protonen oder Neutronen.

Wenn daher ein Stern in sich zusammenstürzt und dabei unter seiner eigenen Masse die Atome sprengt, werden sich zunächst einmal die vergleichsweise großen Elektronen gegenseitig berühren.

Allerdings können Elektronen im Vergleich zum normalen Atomaufbau sehr dicht gepackt werden, ehe sie aneinanderstoßen. Das ist der Grund, warum Sirius B, der genauso viel Masse enthält wie die Sonne, viel weniger Raum beansprucht als diese: Das Volumen von Sirius B ist 27000mal kleiner als das Volumen der Sonne. Das ist so ähnlich wie der Unterschied zwischen dem Raum, den hundert ganze Tischtennis-Bälle einnehmen im Vergleich zum Raum, den hundert Tischtennis-Bälle brauchen, wenn sie zerdrückt und in Plastikfetzen zerrissen wurden.

Aber selbst dann, wenn die Elektronen sich gegenseitig berühren, bleibt für die viel kleineren und massereicheren Protonen und Neutronen und die aus ihnen bestehenden Atomkerne noch genügend Raum zur freien Bewegung. Die Atomkerne sind dann zwar auch viel enger zusammengerückt als im Fall normaler, intakter Atome, aber im Vergleich zu ihrer Größe sind sie selbst dann noch sehr weit voneinander entfernt.

Was die Atomkerne betrifft, so ist ein Weißer Zwerg bei aller Dichte immer noch ein im wesentlichen leerer Raum. In Sirius B etwa, der als eine Kugel aus Elektronenflüssigkeit angesehen werden kann, beanspruchen die Atomkerne immer noch nur ein Viermilliardstel des Volumens. Die Atomkerne zeigen deshalb die gleichen Eigenschaften wie ein Gas.

Natürlich ist auch ein Weißer Zwerg nicht völlig gleichmäßig aufgebaut, genauso wenig wie jedes andere massereiche Objekt. Der Druck wird also zunehmen, je weiter man sich – in Gedanken – von der Oberfläche weg zum Zentrum hin bewegt.

Ein Weißer Zwerg hat eine fast normale »Haut«; seine äußere Schale intakter Atome wird zwar vom Schwerefeld stark nach unten gezerrt, doch brauchen sie keine darüberliegenden Schichten zu ertragen. Eine Vielzahl verschiedener Atome kann in dieser »Atmosphäre« eines Weißen Zwerges existieren, sogar noch etwas Wasserstoff, der sich bislang erfolgreich vor der Verschmelzung zu Helium hat »drücken« können, weil er sich nie in ausreichender Tiefe des Sternes befunden hat. Diese Atmosphäre dürfte nur einige wenige hundert Meter dick sein.

Wenn wir nun in unserer Vorstellung langsam durch diese Atmosphäre nach unten sinken und in den Weißen Zwerg eindringen, so werden wir sehen, daß die Atome allmählich unter der Last der darüberliegenden Schichten aufbrechen. Atomkerne und Elektronen können sich frei bewegen, und hier gibt es noch Reste einer Kernfusion, bis auch der letzte Wasserstoff aufgebraucht ist. Je tiefer wir vordringen, desto näher rücken die Elektronen zusammen, bis sie sich gegenseitig berühren. Nun können sie einer weiteren Kompression widerstehen: Je größer der Druck wird, desto stärker wird ihr Gegendruck. Und dieser Widerstand hält die Kontraktion des Sterns in der Phase des Weißen Zwerges auf.

Im Kernbereich ist das Material des Weißen Zwerges natürlich viel dichter als im Durchschnitt; die Zentraldichte mag bei 100 Tonnen pro Kubikzentimeter liegen.

Wenn ein Weißer Zwerg entsteht, ist er sehr heiß, da die kinetische Energie des Zusammenfalls in Wärme umgewandelt wird. Ein eben entstandener Weißer Zwerg kann ohne weiteres eine Oberflächentemperatur von 100000 Grad erreichen.

Doch der Weiße Zwerg strahlt diese Energie an den umgebenden Weltraum ab, und der Energieverlust kann durch die vereinzelt noch auftretende Kernfusion in den Resten fast normaler Materie der äußeren Schichten nicht ersetzt werden. So kühlt der Weiße Zwerg allmählich aus. Man kennt alte Weiße Zwerge, deren Oberflächentemperatur bei nur noch 5000 Grad liegt.

Dieser Temperaturverlust ändert am Aufbau des Weißen Zwerges wenig. Normale Sterne würden zusammenstürzen, wenn sie auskühlen, weil bei ihnen die Schwerkraft nur durch den Gasdruck aufgrund der hohen Temperatur kompensiert wird.

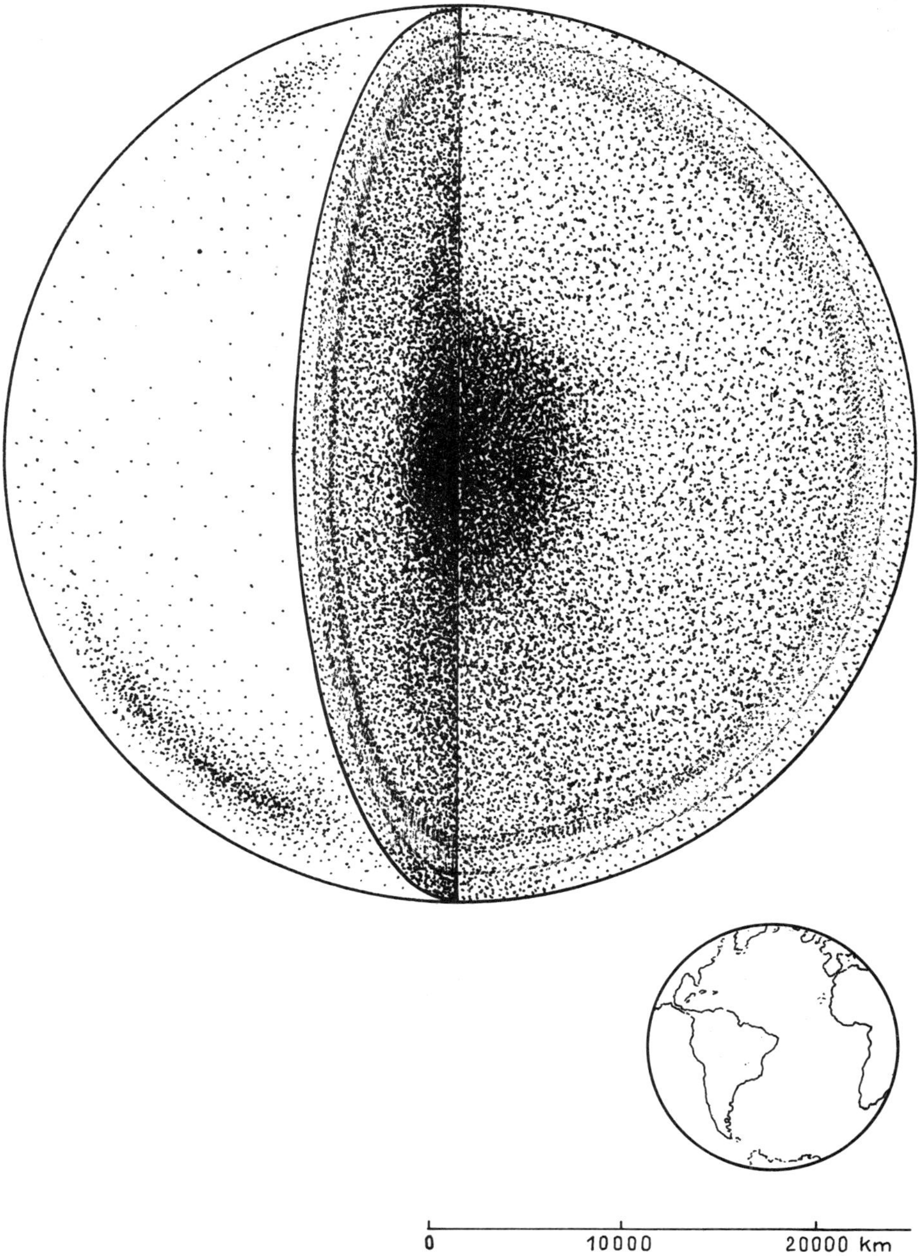

Ein Weißer Zwerg besteht fast völlig aus entarteter Materie, aus »Kerngas« also. Lediglich eine dünne Oberflächenschicht enthält noch intakte Atome. Die Dichte nimmt nach innen beständig zu und mag im Zentrum bei etwa 100 Tonnen pro Kubikzentimeter liegen.

Ein Weißer Zwerg gründet seinen Widerstand gegen die eigene Massenanziehung jedoch auf den Gegendruck zusammengepreßter Elektronen, und der hängt nicht von der Temperatur ab. Elektronen können in kaltem Zustand die Last der auf ihnen ruhenden Schichten genauso gut ertragen wie bei hohen Temperaturen.
Man muß daher annehmen, daß der Weiße Zwerg so lange auskühlt, bis er nicht mehr genügend heiß ist, um noch zu leuchten. Er wird dann zu einem Schwarzen Zwerg – aber die Erkaltung geht weiter, bis die Temperatur des umgebenden Weltraumes erreicht ist – einige Grad über dem absoluten Nullpunkt.
Dieser Prozeß läuft jedoch so langsam ab, daß bislang noch kein Weißer Zwerg völlig erloschen ist. Alle Weißen Zwerge, die je entstanden, leuchten noch immer, aber irgendwann einmal wird man sie nicht mehr sehen.
Damit haben wir bis jetzt in diesem Buch schon zwei Sorten von Himmelskörpern kennengelernt, die dem ständigen Sog der eigenen Schwerkraft unbegrenzt lange widerstehen können. Das sind zum einen die Planeten, die massearm genug sind, um nie eine Kernreaktion zu zünden, und bei denen die Last der äußeren Schichten durch den Gegendruck intakter Atome im Zentralbereich ertragen wird.
Das sind zum anderen die Schwarzen Zwerge, die zwar anfangs – als normale Sterne – genügend Masse hatten, um ein atomares Feuer zu entfachen, die aber längst ausgebrannt sind, und bei denen der Druck zusammengepreßter Elektronen der Schwerkraft widersteht.
Alle Lichtpunkte, die wir am Himmel außerhalb unseres Sonnensystems sehen, sind dagegen vergänglich, einschließlich unserer Sonne in unserem Sonnensystem. Die gewöhnlichen Sterne, das haben wir in den letzten Kapiteln erfahren, sind unbeständige Objekte, die ihr atomares Feuer bis zum Zustand des Schwarzen Zwerges abbrennen oder, wie wir sehen werden, noch exotischer enden.
Darüber hinaus können wir am Himmel Gas- und Staubwolken im Bereich zwischen den Sternen erkennen. Aber auch sie sind nicht stabil: Viele von ihnen werden unter ihrer eigenen Massenanziehung irgendwann einmal beginnen, sich zu Sternen zu verdichten, und dann enden auch sie letztlich als Schwarze Zwerge. Und jene »Wolkenfetzen«, deren Massen nicht für einen ganzen Stern ausreichen, können

zu Planeten werden. Selbst die Gas- und Staubteilchen, die einer derartigen Verdichtung entgehen, die also für immer im Raum zwischen den Sternen und Milchstraßen umhervagabundieren, kann man letztlich als winzige Planetenkörper ansehen.

Planeten und Schwarze Zwerge bleiben also die beiden einzigen Gruppen, die wir als unvergänglich im Universum bezeichnen können – zumindest nach dem, was wir bislang in diesem Buch kennengelernt haben.

Einige hundert Weiße Zwerge konnten seit der Entdeckung von Sirius B beobachtet werden, und das scheint angesichts der vielen Milliarden und Abermilliarden Sterne am Himmel wirklich nicht viel. Doch dürfen wir nicht vergessen, daß Weiße Zwerge trotz der für ihre Größe ungewöhnlichen Helligkeit im Vergleich zu normalen Sternen ziemlich lichtschwach sind: Ihre Leuchtkraft liegt nur zwischen 1 und 0,1 Promille eines gewöhnlichen Sternes, und so können wir sie lediglich über eine geringe Entfernung erkennen.

Wir finden also deshalb nur so wenige Weiße Zwerge, weil sie über Distanzen, in denen normale Sterne noch beobachtet werden können, bereits zu lichtschwach sind, als daß man sie noch aufspüren könnte. Wenn wir also ihre wahre Verteilung am Himmel abschätzen wollen, gelingt uns dies nur aus einer Analyse der unmittelbaren Sonnenumgebung.

Im Umkreis von 35 Lichtjahren um die Sonne beispielsweise gibt es rund 300 Sterne. Acht davon sind Weiße Zwerge. Gehen wir davon aus, daß dies der im ganzen Universum übliche Anteil der Weißen Zwerge ist (und wir haben keinen Grund zu einer gegenteiligen Annahme), dann sind immerhin rund zwei bis drei Prozent aller Sterne Weiße Zwerge. Und dann gibt es allein in unserer Milchstraße rund vier Milliarden Weiße Zwerge.

V. Explodierende Materie

Der Big Bang

Warum gibt es so viele Weiße Zwerge? Warum allein vier Milliarden in unserer Milchstraße?
Nach allem, was wir bislang erfahren haben, wird ein Stern erst dann zu einem Weißen Zwerg, wenn er all seinen Kernbrennstoff aufgebraucht hat. Unsere Sonne hat beispielsweise noch genügend Vorrat für einige Milliarden Jahre, und dies trifft sicher auch auf viele der anderen rund 150 Milliarden Sterne in unserer Milchstraße zu. Warum also haben vier Milliarden bereits all ihren Brennstoff aufgezehrt und sind dann nach einer vorübergehenden Ausdehnung in sich zusammengestürzt?
Wir können die Frage aber auch von der anderen Seite her stellen: Warum gibt es erst so wenig Weiße Zwerge? Wenn bereits vier Milliarden Sterne ihren Energievorrat verbraucht haben, warum haben die anderen noch genügend davon?
Ehe wir diese Fragen beantworten können, müssen wir zunächst einmal wissen, wie alt das Universum ist, wieviel Zeit also seit der Entstehung der Sterne vergangen ist. Dann können wir abschätzen, wie lange sie bereits Atomkerne verschmelzen und wieviel Wasserstoff ihnen noch für diesen Prozeß verbleibt.
Aber wie können wir das Alter des Universums ermitteln?
Die Lösung für dieses Problem kam völlig überraschend durch die Analyse der Spektren von Milchstraßen.
Aus der sorgfältigen Untersuchung eines Spektrums können wir ableiten, ob sich ein Stern von uns entfernt oder sich auf uns zu bewegt; in beiden Fällen läßt sich auch die Geschwindigkeit dieser Bewegung ermitteln. Wenn die Spektrallinien zum roten Ende des Spektrums verschoben erscheinen, dann entfernt sich der Stern von uns, sind seine Spektrallinien dagegen zum blauen Ende gerutscht, so bewegt er sich auf uns zu.
Wir können jetzt natürlich fragen, woran man erkennen kann, ob die Rotverschiebung der Spektrallinien durch die Von-uns-fort-Bewegung verursacht wird oder durch die im vergangenen Kapitel beschriebenen Gravitationseinflüsse. Die Antwort ist einfach: Die meisten Sterne sind nicht kompakt genug, um eine meßbare

Rotverschiebung aufgrund ihrer Masse bewirken zu können. Eine Rotverschiebung ist daher wohl ausschließlich auf eine von uns weg gerichtete Bewegung zurückzuführen.
Wenn man die Sternspektren studiert, zeigt sich, daß ein Teil der Sterne sich auf uns zu bewegt, ein anderer Teil von uns weg; Blauverschiebung und Rotverschiebung sind annähernd gleichmäßig »verteilt«.
Etwa um das Jahr 1912 begannen die Astronomen, auch die Spektren von Galaxien zu untersuchen. Es sind dies Ansammlungen von Milliarden von Sternen, vergleichbar mit unserer Milchstraße, allerdings weit jenseits ihrer Grenzen. Bis zum Jahre 1917 hatte man herausgefunden, daß alle Milchstraßen bis auf die nächstgelegenen eine Rotverschiebung aufweisen und sich daher von uns entfernen. Und diese Rotverschiebungen waren größer als die der Sterne in unserer Milchstraße.
Dies wurde nicht anders, als man Spektren von immer mehr Galaxien untersuchte: Alle – bis eben auf die Gruppe in unserer Nähe – zeigen eine Rotverschiebung, und sie ist um so größer, je weiter die Galaxie von uns entfernt ist.
Aufgrund dieser Beobachtungen formulierte der amerikanische Astronom Edwin Powell Hubble (1889–1953) im Jahre 1929 einen Zusammenhang, der seither als Hubble-Beziehung bekannt ist: Die Geschwindigkeit, mit der sich eine Galaxie von uns entfernt, ist unmittelbar von ihrer Entfernung abhängig. Das heißt, wenn sich Galaxie A fünfmal schneller von uns entfernt als die Galaxie B, dann ist A auch fünfmal weiter von uns entfernt als B.
Die Zuwachsrate der Fluchtbewegung von Galaxien ist nicht gerade einfach zu bestimmen. Anfangs glaubten die Astronomen, daß die Geschwindigkeit mit wachsendem Abstand sehr rasch zunehme, doch neuere Daten deuten darauf hin, daß die Zunahme viel geringer ist als ursprünglich vermutet. Derzeit rechnen die Astronomen mit einer Geschwindigkeitssteigerung von 16 Kilometer pro Sekunde für je eine Million Lichtjahre Distanz. Eine Milchstraße in zehn Millionen Lichtjahren Entfernung hätte demnach eine Fluchtgeschwindigkeit von 160 Kilometer pro Sekunde, eine Galaxie in 20 Millionen Lichtjahren Distanz eine Geschwindigkeit von 320 Kilometer pro Sekunde, und eine in 50 Millionen Lichtjahren Abstand

würde sich schließlich in jeder Sekunde um weitere 800 Kilometer von uns entfernen.
Doch woher stammt die Bewegung? Warum sollten sich alle Milchstraßen von uns entfernen, und warum ist schließlich die Fluchtgeschwindigkeit direkt abhängig von der Entfernung zu uns? Stehen wir etwa im Mittelpunkt der Welt?
Natürlich nicht!
Bereits 1917 konnte der niederländische Astronom Willem de Sitter (1872–1934) aufgrund theoretischer Überlegungen zeigen, daß sich das Weltall ausdehnen müsse. Grundlage für seine Rechnungen waren die Gleichungen der Allgemeinen Relativitätstheorie. Einzelne Milchstraßen und mitunter ganze Haufen mit Dutzenden bis Tausenden von Milchstraßen sind natürlich aufgrund der Schwerkraft »gebunden« und lösen sich nicht durch Ausdehnung auf. Doch ist der Abstand zwischen den einzelnen Milchstraßen und Milchstraßenhaufen so groß, daß die gegenseitige Anziehungskraft nicht ausreicht, die allgemeine Expansion des Weltalls zu verhindern. Das hat zur Folge, daß sich diese Systeme alle mit gleichbleibender Geschwindigkeit voneinander entfernen.
Dabei hat man von jeder Milchstraße aus den Eindruck, als würden sich alle anderen Galaxien (mit Ausnahme derer, die Teil der »lokalen Gruppe« sind, falls es eine solche gibt) vom Beobachter entfernen. Und von jeder Galaxie aus betrachtet nimmt die Fluchtgeschwindigkeit der anderen Milchstraßen mit steigendem Abstand zu, so daß wir auch von dort zu einer Hubble-Beziehung kämen.
Wenn sich aber Milchstraßen und Milchstraßenhaufen immer weiter voneinander entfernen, je mehr die Zeit voranschreitet und je älter das Universum wird, dann müßten wir bei einer Zeitumkehr, bei einem Rückblick in die Vergangenheit, eine umgekehrte Bewegung beobachten können wie bei einem Film, der rückwärts läuft: Die Systeme würden immer näher zusammenrücken. Mit anderen Worten: In frühen Zeiten war das Universum wesentlich kompakter als heute; und wenn wir die Zeit weit genug zurückdrehen könnten, müßten wir sehen, wie sich einmal alle Milchstraßen in einem gewaltigen Materiehaufen zusammengedrängt haben.
Im Jahre 1927 stellte der belgische Astronom Georges Lemaître (1894–1966) die

Hypothese auf, daß vor einer Reihe von Milliarden Jahren die gesamte Materie des Universums an einer Stelle konzentriert war und einen »Klumpen« bildete, den er als Uratom bezeichnete; andere nannten ihn das kosmische Ei.

Wie lange das kosmische Ei in diesem Zustand existierte und wie es entstanden war, darüber machte Lemaître keine Aussagen, aber es muß dann auf einmal explodiert sein. Man kann sich vorstellen, daß dies wohl die größte Explosion gewesen sein muß, die je im Universum stattgefunden hat: Es war die Explosion, die das Universum entstehen ließ, wie wir es heute kennen. Der russisch-amerikanische Physiker George Gamow (1904–1968) nannte sie den Big Bang.

Aus den gewaltigen Trümmerstücken dieses kosmischen Eis bildeten sich dann im Laufe der Zeit Sterne und Milchstraßen, die sich heute infolge jener Explosion immer noch voneinander entfernen. In den letzten 50 Jahren sind so viele Beobachtungen als Argumente für den Big Bang gesammelt worden, daß kaum noch ein Astronom an dieser »Entstehungsgeschichte« des Universums zweifelt.

Die große Frage ist nun, wann dieser Big Bang stattgefunden hat. Die Astronomen wissen (oder glauben zu wissen), wie schnell sich das Universum heute noch ausdehnt. Nimmt man an, daß die Expansion immer gleich rasant gewesen ist und immer so schnell weitergehen wird, dann müßte sich das Weltall bis in alle Zeiten und über alle Grenzen hinweg ausdehnen. Könnte man entsprechend weit in die Zukunft blicken, dann sähe man nur noch unsere eigene Milchstraße und die übrigen wenigen Galaxien, die in der lokalen Gruppe zusammengeschlossen sind. Alles andere wäre zu weit entfernt, als daß wir noch etwas davon erkennen könnten. Wenn wir andererseits zurückblicken könnten, sähen wir ein Universum, das sich ständig zusammenzieht und vor vielleicht 18 Milliarden Jahren im Uratom verschmilzt.

Doch dürfen wir nicht vergessen, daß die einzelnen Galaxien eine gegenseitige Anziehung aufeinander ausüben. Sie mag zwar nicht ausreichen, die Expansion zu verhindern, aber abbremsen kann sie die Geschwindigkeit vielleicht doch. Das aber bedeutet, daß die Expansionsrate in Zukunft immer weiter abnimmt, und es würde entsprechend länger dauern, ehe wir aufgrund der Fluchtbewegung nur noch die

Milchstraßen unserer unmittelbaren Umgebung sehen könnten. In umgekehrter »Richtung« würde sich aber auch die Kontraktionsbewegung der Galaxien beschleunigen, je weiter wir zurückblicken. Das Stadium des kosmischen Eis und der Big Bang wären schneller erreicht, lägen weniger als 18 Milliarden Jahre zurück. Wir wissen noch nicht genau, wie stark die gegenseitige Anziehungskraft die Fluchtbewegung abbremst. Das hängt davon ab, wieviel Materie im Universum enthalten ist – es hängt also von der Materiedichte ab.

Wenn die Materiedichte groß genug ist, reicht die Schwerkraftbremse aus, die Fluchtbewegung einmal zum Stillstand zu bringen. Das expandierende Universum würde einen Augenblick »innehalten«, müßte sich dann aber unter eben den Fesseln der Schwerkraft wieder zusammenziehen, zunächst ganz langsam, dann schneller und schneller, bis es wieder in einem kosmischen Ei endet und erneut explodiert. Dies kann immer und immer wieder derart ablaufen, und wir hätten dann ein oszillierendes, pulsierendes Weltall. Der amerikanische Astronom Allan Sandage (1926–) hat einmal als Schwingungsdauer einen Zeitraum von 80 Milliarden Jahren genannt, die zwischen jedem neuerlichen Big Bang verstreichen würden.

Ist die Materiedichte im Universum gerade so groß, daß sie die Milchstraßen in ihrer Fluchtbewegung eben noch abbremsen kann (dazu wäre eine mittlere Dichte von 6×10^{-30} Gramm pro Kubikzentimeter notwendig oder ein Proton oder Neutron in einem Würfel von 70 Zentimeter Kantenlänge), dann kann man aus der momentanen Größe des Universums auf ein Alter von etwa 13 Milliarden Jahren schließen.

Allerdings können die Astronomen derzeit nicht genau sagen, wie groß die mittlere Dichte im Universum ist, so daß wir auch nicht wissen, wann der Big Bang stattgefunden hat und ob das Weltall pulsiert oder nicht. Zur Zeit geht man wohl davon aus, daß die mittlere Dichte nicht groß genug ist, um ein pulsierendes Weltall zu ermöglichen, so daß der Big Bang irgendwann zwischen 13 und 18 Milliarden Jahren zurück die Expansionsbewegung ausgelöst haben dürfte.

In diesem Buch wollen wir einmal davon ausgehen, daß das Universum 15 Milliarden Jahre alt ist.

Wenn aber das ganze Weltall erst vor 15 Milliarden Jahren entstanden ist, können die Sterne nicht älter als 15 Milliarden Jahre sein.
Sie können natürlich jünger sein. Unsere Sonne muß zum Beispiel wesentlich jünger sein, denn sonst hätte sie ja längst ihren Kernbrennstoff aufgebraucht, wäre zu einem Roten Riesen geworden und schließlich zu einem Weißen Zwerg zusammengestürzt.
Kann es denn dann sein, daß Weiße Zwerge die Überreste besonders alter Sterne sind, die zu Anfang des Universums leuchteten, während die Sterne, die wir jetzt sehen und die immer noch genügend Kernbrennstoff haben, erst später entstanden und entsprechend jünger sind?
Es gibt wahrscheinlich einen Zusammenhang dieser Art, doch kann das nicht als Antwort reichen. Unzählige Sterne sind nach dem Big Bang entstanden, und wenn sie schon alle das Stadium der Weißen Zwerge erreicht hätten, müßte es viel mehr davon in unserer Milchstraße geben. Weitere Zweifel kommen, wenn wir uns an das System Sirius A und Sirius B erinnern. Man wird wohl davon ausgehen können, daß die beiden Partner eines Doppelsternsystems zur gleichen Zeit entstanden sind, so wie auch die Sonne und die Planeten nahezu gleichzeitig gebildet wurden, und dennoch ist einer von beiden bereits ein Weißer Zwerg, während der andere noch »normal« leuchtet.
Könnte vielleicht das Alter eines Sterns nicht alleine entscheidend sein für die Lebensphase? Gibt es Sterne, die ihren Brennstoff langsamer verbrauchen als andere? Oder bringen einige Sterne einen größeren Brennstoffvorrat mit in diese Welt als andere? All diese Fagen münden in einem Komplex: Leben Sterne verschieden lange, ehe sie in sich zusammenstürzen?
Auch hier brachte die Analyse der Spektren eine Antwort.

Die Hauptreihe

Erinnern wir uns noch einmal an die Vorgänge im Zusammenhang mit der Sternentstehung. Es beginnt mit einer Wolke aus Gas und Staub, die langsam rotiert und von ihrer eigenen Massenanziehung zusammengehalten wird. Wenn eine solche Materiewolke aus irgendwelchen Gründen beginnt sich zusammenzuziehen, wird der Sog der Schwerkraft immer stärker, und die Kontraktion beschleunigt sich entsprechend.

Mit zunehmender Verdichtung steigen Temperatur und Druck im Innern, bis sie schließlich die Grenze der atomaren Widerstandskaft überschreiten. Die Atome werden dann geknackt, und das atomare Brennen kann beginnen. Dieser Moment kennzeichnet die Geburt eines neuen Sternes.

Die Kontraktion währt kurz im Vergleich zur gesamten Lebensdauer eines Sternes. Je größer und massereicher die Wolke am Anfang war, desto stärker ist auch die innere Anziehungskraft, und desto rascher geht die Phase der Verdichtung zu Ende. Ein Stern mit der Masse unserer Sonne würde beispielsweise rund 30 Millionen Jahre benötigen, ehe das nukleare Feuer zündet, während ein Stern mit zehnfacher Sonnenmasse in nur 10000 Jahren »fertig« ist; andererseits vergehen einige hundert Millionen Jahre, ehe ein Stern mit 0,1 Sonnenmassen zu leuchten beginnt.

Alle Sterne, die wir am Himmel sehen, haben natürlich diese Phase des Wasserstoffbrennens bereits erreicht; sie produzieren seither mit nahezu konstanter Rate Energie und strahlen sie an den umgebenden Weltraum ab. Und das können sie über einen relativ langen Zeitraum. Dabei hängt die Energiemenge, die ein Stern freisetzen kann, von seiner Masse ab.

Als Eddington die Temperatur im Innern der Sterne berechnete, erkannte er diesen Zusammenhang: Je massereicher ein Stern ist, desto stärker ist natürlich seine eigene Massenanziehung. Das aber bedeutet, daß ein massereicher Stern eine höhere Zentraltemperatur benötigt als ein massearmer, um dem Druck der darüberliegenden Schichten widerstehen zu können. Je höher aber die Zentraltemperatur, desto mehr Energie wird freigesetzt, die an den umgebenden Weltraum abgestrahlt

werden muß. Mit anderen Worten: Je massereicher ein Stern, desto leuchtkräftiger ist er. Eddingtons Erkenntnis wird Masse-Leuchtkraft-Beziehung genannt.
Wenn wir die Sterne untersuchen, die wir am Himmel erkennen können, so finden wir, daß sie eine ziemlich »geschlossene Kette« bilden, ausgehend von sehr massereichen, sehr leuchtstarken und sehr heißen Sternen über masseärmere, leuchtschwächere und weniger heiße Sterne bis herunter zu ganz massearmen, leuchtschwachen und kalten Sternen. Diese »Kette« wird die Hauptreihe genannt, weil rund 90 Prozent aller Sterne in sie eingereiht werden können. Die übrigen zehn Prozent sind Sterne wie Rote Riesen und Weiße Zwerge.
Die Spektren der Sterne im Bereich der Hauptreihe (die Astronomen sagen »auf der Hauptreihe«), bilden eine eigene Sequenz. Wenn man längs der Hauptreihe von den heißen Sternen zu immer kälteren Objekten kommt, kann man dies im Spektrum an der zunehmenden Zahl der dunklen Linien erkennen. Die Sterne können daher aufgrund ihrer Linienmuster in Spektralklassen eingeteilt werden.
Diese Spektralklassen der Hauptreihe tragen die Bezeichnung O, B, A, F, G, K und M. Dabei sind die O-Sterne die massereichsten, leuchtstärksten und heißesten Objekte, während die M-Klasse die Sterne mit den geringsten Massen und dementsprechend mit der kleinsten Leuchtkraft und den niedrigsten Oberflächentemperaturen zusammenfaßt. Jede Spektralklasse ist ihrerseits noch einmal in zehn Unterklassen von 0 bis 9 gegliedert. Man spricht daher von B0-, B1-, B2-Sternen und so weiter bis B9-Sternen, die von den A0-Sternen gefolgt werden, und so fort. Unsere Sonne gehört zur Spektralklasse G2. Tabelle 9 enthält Angaben über Masse und Leuchtkraft von Sternen bestimmter Spektralklassen.

Tabelle 9: Die Hauptreihe

Spektralklasse	*Masse (Sonne = 1)*	*Leuchtkraft (Sonne = 1)*
O5	32	6 000 000
B0	16	6 000
B5	6	600
A0	3	60
A5	2	20
F0	1,75	6
F5	1,25	3
G0	1,06	1,3
G5	0,92	0,8
K0	0,80	0,4
K5	0,69	0,1
M0	0,48	0,02
M5	0,20	0,001

Sind alle diese Sterne gleich häufig? Die Antwort ist: Nein.

Allgemein kann man sagen, daß große Objekte einer Klasse immer ungewöhnlich sind und entsprechend seltener vorkommen als kleinere Vertreter der gleichen Kategorie. Es gibt beispielsweise weniger große Tiere als kleine – man vergleiche nur die Zahl der Elefanten mit der Anzahl der Fliegen –, es gibt weniger große Felsbocken als Sandkörner, weniger große Planeten als kleine Asteroiden, und so weiter.

Wir können also ohne weiteres erwarten, daß die großen, massereichen und leuchtstarken Sterne weniger zahlreich sind als die kleinen, massearmen und leuchtschwachen. Aus ihren Beobachtungen können die Astronomen ableiten, daß rund 75 Prozent aller Sterne unserer Milchstraße zur Spektralklasse M gerechnet werden müssen, also sehr leuchtschwach sind. Tabelle 10 gibt die zahlenmäßige Verteilung der Sterne auf die einzelnen Spektralklassen an.

Tabelle 10: Spektrale Verteilung der Sterne

Spektralklasse	*relative Häufigkeit*	*Zahl der Sterne in der Milchstraße*
O	0,00002	20000
B	0,1	100000000
A	1	1200000000
F	3	3700000000
G	9	11000000000
K	14	17000000000
M	73	89000000000

Dabei können wir annehmen, daß unsere Milchstraße keineswegs ungewöhnlich ist, so daß wir diese Verteilung auch getrost auf andere Milchstraßen übertragen dürfen.

Die nächste Frage zielt auf die Lebensdauer der Sterne: Warum brauchen Sterne verschiedener Spektralklassen unterschiedlich viel Zeit, ihren atomaren Brennstoff umzuwandeln? Warum also können einige Sterne länger auf der Hauptreihe verbleiben als andere, warum können sie das unabwendbare Schicksal des Aufblähens und Zusammenstürzens hinauszögern?

Wenn wir beispielsweise annehmen, daß alle Sterne zu Beginn ihres Daseins im wesentlichen aus Wasserstoff bestehen, dem Hauptkernbrennstoff, dann hat natürlich ein massereicher Stern einen größeren Vorrat als ein massearmer. Ein O5-Stern mit 32 Sonnenmassen hat demnach einen 32mal größeren Vorrat an Wasserstoff als die Sonne, und wir könnten daher vermuten, daß er auch entsprechend länger braucht, ehe er diesen Vorrat aufgezehrt hat. Er würde dann 32mal länger auf der Hauptreihe verbleiben als die Sonne, 160mal länger als ein M5-Stern.

Doch haben wir ja bereits gesehen, daß der Energiebedarf eines Sterns von der Masse mit abhängt. Je massereicher ein Stern, desto stärker lastet er auf seinem Zentralbereich und desto heißer muß er im Zentrum sein, um dem Druck der Schwerkraft widerstehen zu können. Je heißer aber der Kern sein muß, desto mehr Energie muß pro Sekunde freigesetzt werden, um die Temperatur zu halten. Ein

massereicher Stern muß also seinen Brennstoff sehr viel großzügiger und damit schneller verbrauchen als ein massearmer.
Eddington konnte bereits zeigen, daß der Energiebedarf eines Sterns mit zunehmender Masse sehr viel rascher ansteigt als der aus der zunehmenden Masse stammende Energievorrat. Obwohl also ein O5-Stern 32mal soviel Masse besitzt wie die Sonne, ist seine Lebenserwartung viel kleiner als die der Sonne, weil er den Brennstoff mehr als 10000mal schneller verbraucht als diese. Und umgekehrt ist die Lebenserwartung der Sonne klein gegen die eines leuchtschwachen M5-Sternes, obwohl sie fünfmal mehr Masse besitzen mag als jener.
Je mehr Energievorrat in Form von Masse ein Stern also mitbringt, desto kürzer ist seine Verweilzeit auf der Hauptreihe, desto eher bläht er sich zu einem Roten Riesen auf und stürzt dann in sich zusammen. Tabelle 11 enthält die unterschiedlichen Verweilzeiten der einzelnen Spektralklassen.

Tabelle 11: Verweilzeit auf der Hauptreihe

Spektralklasse	*Verweilzeit (Jahre)*
O	1 Million und weniger
B0	10 Million
B5	100 Million
A0	500 Million
A5	1 Milliarde
F0	2 Milliarde
F5	4 Milliarde
G0	10 Milliarde
G5	15 Milliarde
K0	20 Milliarde
K5	30 Milliarde
M0	75 Milliarde
M5	200 Milliarde

Da also zunächst die großen, weniger zahlreichen Sterne dem Kollaps erliegen, haben wir hier eine erste Erklärung für die relativ geringe Anzahl der Weißen Zwerge. Kein K- oder M-Stern hat bislang die Gelegenheit gehabt, seinen Brennstoff aufzubrauchen, selbst wenn er von Anfang an geleuchtet hat; und K- und M-Sterne machen immerhin 87 Prozent aller Sterne aus. Lediglich die O-, B-, A- und F-Sterne sowie einige G-Typen haben die Hauptreihe verlassen können, doch das sind weniger als 10 Prozent aller Sterne.

Diese Erklärung alleine reicht noch nicht aus, um die Seltenheit der Weißen Zwerge zu verstehen. Wenn alle Sterne der Milchstraße schon bald nach dem Big Bang entstanden und seither keine neuen hinzugekommen wären, dann dürfte es in unserer Milchstraße nur noch Sterne »unterhalb« etwa der G5-Klasse geben. Die helleren, massereicheren Sterne hätten sich längst alle von der Hauptreihe fortentwickelt, hätten sich aufgebläht und wären in sich zusammengestürzt. Das aber widerspricht den Beobachtungen, denn wir können eine Reihe besonders heller Sterne am Himmel erkennen, sogar Mitglieder der Spektralklasse O.

Es leuchtet ein, daß diese hellen Sterne nicht schon zu Beginn des Universums entstanden sein können. Sie müssen sich vielmehr erst vor relativ kurzer Zeit gebildet haben. Unsere Sonne, die ja zur Spektralklasse G2 gehört, muß zum Beispiel viel jünger als das Universum sein, denn sonst wäre sie bereits ein Weißer Zwerg. Alles spricht dafür, daß sie erst vor etwa 5 Milliarden Jahren entstand, als das Universum schon 10 Milliarden Jahre alt war. Und wir kennen Regionen in unserer Milchstraße, in denen wir die Geburt neuer Sterne beobachten können. Selbst in Milliarden von Jahren werden noch neue Sterne entstehen.

Für eine lange, lange Zeit werden immer wieder neue helle Sterne am Himmel auftauchen, kurzlebige Sterne, die nach einigen 100 Millionen Jahren wieder verlöschen, während die massearmen Zwergsterne beständig weiterstrahlen.

Doch wenn wir einmal annehmen, das Universum breite sich für immer aus, dann kann man sich vorstellen, daß eines fernen Tages auch der kleinste, masseärmste Stern seinen Brennstoffvorrat aufgebraucht hat, sich ausdehnen wird und dann in sich zusammenstürzt wie alle anderen vor ihm auch. In einigen Billionen Jahren

würde dann unser Universum nur noch die zwei bereits bekannten Sorten »unvergänglicher« Objekte enthalten – Schwarze Zwerge gewissermaßen als Asche der Sterne und ebenso schwarze Planetenkörper, die nie Sterne waren.
Aber liegen wir richtig, wenn wir dieses Ende annehmen? Wird jedes Objekt, das groß genug ist, um ein Stern zu werden, am Ende aus einem Weißen Zwerg zu einem Schwarzen Zwerg? Oder gibt es Objekte im Universum, die noch ungewöhnlicher sind als Weiße Zwerge?
Ja, am Horizont zeichnen sich noch merkwürdigere Dinge ab. Schließlich sind wir ja auf dem Wege zu den Schwarzen Löchern.

Planetarische Nebel

Wenn ein Stern zu einem Weißen Zwerg zusammenstürzt, zieht sich seine Masse unter dem Einfluß der eigenen Schwerkraft auf einen immer kleineren Raum zusammen, bis die verdichtete Elektronen»flüssigkeit« im Zentralbereich dem Druck der darüberliegenden Schichten widerstehen kann.
Je massereicher ein Stern ist, desto heftiger wird er zusammenstürzen und desto mehr wird er die Elektronenflüssigkeit verdichten.
Ein Beispiel mag das noch einmal verdeutlichen: Das Gewicht eines Autos beispielsweise verdichtet die Luft in den Reifen. Und der Reifendruck steigt, je mehr die Luft verdichtet wird. Ist der Reifen richtig aufgepumpt, vermag er das Gewicht des Autos zu tragen. Wenn man das Gepäck in den Kofferraum lädt, drückt das zusätzliche Gewicht die Reifen weiter zusammen, bis der Innendruck reicht, die neue Belastung mitzutragen. Je größer das Gewicht ist, desto stärker wird die Luft im Reifen komprimiert.
Wenn wir dies auf die Sterne übertragen, so können wir verstehen, daß ein massereicher Weißer Zwerg kleiner sein muß als ein massearmer. So hat zum Beispiel der Weiße Zwerg mit dem Namen Van Maanen 2 nur 75 Prozent der Masse von Sirius B. Deshalb lastet er nicht so sehr auf der Elektronenflüssigkeit und ist ent-

sprechend dreimal größer als Sirius B, etwa so groß wie Jupiter. Andererseits gibt es vergleichsweise massereiche Weiße Zwerge, die kaum größer sind als unser Mond. Aber wieviel Masse darf ein Weißer Zwerg enthalten, wie klein kann er werden?

Kehren wir noch einmal zu unserem Vergleich mit den Autoreifen zurück. Wenn wir immer weiter Material ins Auto laden, wird der Punkt kommen, an dem der Reifen dem immer weiter steigenden Innendruck nicht mehr widerstehen kann: Der Reifen platzt.

Kann man sich eine ähnliche Grenze vorstellen, jenseits derer die Kernregion eines Weißen Zwergsternes die auf ihr lastende Masse des Sternes nicht mehr ertragen kann?

Mit dieser Frage hat sich der indisch-amerikanische Astronom Subrahmanyan Chandrasekhar (1910–) beschäftigt. Im Jahre 1931 konnte er zeigen, daß eine solche kritische Masse tatsächlich existiert. Jenseits dieser Chandrasekhar-Grenze kann es keine Weißen Zwerge geben, weil die Elektronenflüssigkeit im Kern dem wachsenden Druck der Massen nicht länger widerstehen kann. Der Kern eines solchen Objektes wird einfach weiter zusammentürzen.

Chandrasekhar fand für die kritische Masse einen Wert von 1,4 Sonnenmassen. Eine schnelle Drehbewegung des Sternes könnte diese Grenze noch ein wenig nach oben verschieben, weil die dabei entstehende Fliehkraft den Druck der Schwerkraft etwas erleichtert. Allerdings scheinen Weiße Zwerge nicht so schnell zu rotieren, als daß dieser Effekt eine deutliche Verlagerung der Grenze auslösen könnte.

Die Chanderasekhar-Grenze liegt nicht sehr hoch. Alle Sterne der Spektralklassen O, B, A und die massereicheren der Klasse F haben mehr als 1,4fache Sonnenmasse. Dies sind auch die Sterne mit den kürzesten Lebenserwartungen, und sicher sind eine ganze Reihe von ihnen in der Anfangszeit des Universums entstanden; sie müßten längst das Riesenstadium durchlebt haben und zusammengestürzt sein. Doch was ist aus ihnen geworden? Sind einige von ihnen zu extrem massereichen Weißen Zwergen kollabiert, weit jenseits der Chanderasekhar-Grenze – als Zeichen für irgendeinen Fehler in seinen Rechnungen?

Denkbar wäre dies, doch alle Weißen Zwerge, die man bislang untersucht hat, weisen Massewerte deutlich unterhalb der Chanderasekhar-Grenze auf – an ihr gibt es also keinen Zweifel.

Eine andere Möglichkeit bestünde darin, daß Sterne zu großer Masse irgendwann vor dem oder während des Zusammensturzes einen Teil ihrer Masse verlieren. Auf den ersten Blick erscheint dieser Ausweg sehr weit hergeholt. Wie könnte ein Stern Masse verlieren? Nun, wir kennen einige Prozesse, durch die ein Stern Masse abgeben kann, und sie scheinen gerade für massereiche Sterne unumgänglich zu sein.

Jeder Stern wird irgendwann einmal jenen Zeitpunkt erreichen, an dem sein Brennstoffvorrat unter einen kritischen Mindestwert gesunken ist; er wird sich dann ausdehnen und später in sich zusammenstürzen.

Je massereicher der Stern ist, desto heißer ist sein Kern, wenn der Stern beginnt sich auszudehnen. Die Verbindung von großer Masse und heißem Inneren führt aber zu entsprechend größeren Riesensternen. Und wenn ein solcher Überriese in sich zusammensinkt, wird dies aufgrund der großen Masse sehr schnell geschehen, weil die Anziehungskraft ja auch entsprechend groß ist.

Nehmen wir einmal einen Stern, der deutlich massereicher ist als unsere Sonne. Wenn ein solcher Stern zu einem Roten Riesen wird, so spüren die äußeren Schichten aufgrund ihrer großen Entfernung zum Zentrum nur eine schwache Anziehungskraft. Wenn dieser Stern dann in sich zusammensackt, werden die inneren Regionen viel rascher zum Zentrum stürzen als die Außenschichten. Dabei aber wird die Bewegungsenergie in Wärme umgewandelt, und dieser Energiestoß kommt so abrupt, daß er ausreicht, die äußeren Sternschichten auseinanderzutreiben.

Wenn ein Stern genügend Masse besitzt und entsprechend zu einem gewaltigen Roten Riesen wird, stürzt am Ende nur der innere Teil des Sterns in sich zusammen, während die Außenbezirke als turbulente Gashülle auseinandergefegt werden. In einem solchen Fall kann die Masse des eigentlich kollabierenden Teilstücks deutlich unter der Chanderasekhar-Grenze liegen und so zu einem Weißen Zwerg verdichtet werden, obwohl der Stern ursprünglich weit mehr Masse besaß.

Auf diese Weise entsteht ein Weißer Zwerg, der von einer Kugelschale aus Gas umgeben ist. Der Weiße Zwerg ist sehr heiß, weil er die Energie abstrahlt, die er während des schnellen Zusammensturzes »gewonnen« hat, und entsprechend sendet er energiereiche Ultraviolettstrahlung oder noch kurzwelligeres Licht aus. Die Gashülle verschluckt diese energiereiche Strahlung und sendet sie als zartfarbenes Fluoreszenzleuchten wieder aus.

Von der Erde aus sehen wir dann einen Stern, der von einem nebligen Gasring umgeben ist. Es handelt sich zwar in Wirklichkeit um eine Gasschale, doch die uns direkt zugewandten und abgewandten Teile sind schwer zu erkennen, weil wir bei ihnen nur durch eine relativ dünne Schicht blicken. Bei den Randzonen dagegen schauen wir nahezu streifend auf die Schale und blicken auf eine entsprechend dicke Schicht. Die Gashülle erscheint daher wie ein Zigarettenrauch-Ring. Das bekannteste Beispiel dafür ist der Ringnebel im Sternbild Leier.

Solche Nebel werden Planetarische Nebel genannt, weil sie früher bei der Beobachtung mit unzureichenden Fernrohren in ihrem Aussehen den Planeten ähnelten.

Rund eintausend solcher Planetarischen Nebel hat man bislang entdeckt, doch dürften viel mehr existieren, die wir aufgrund der großen Entfernung nur nicht erkennen können. Jeder von ihnen hat einen kleinen, heißen und dichten Stern im Zentrum – wahrscheinlich jedesmal ein Weißer Zwerg, obwohl dies erst in einigen wenigen Fällen nachgewiesen werden konnte.

Wenn die Zentralsterne der Planetarischen Nebel wirklich Weiße Zwerge sind, dann können sie erst vor relativ kurzer Zeit entstanden sein – andernfalls hätten sie die Energie, die ihnen aus dem Kollaps zugefallen ist, längst vollständig an die Umgebung abgestrahlt. Es zeigt sich, daß diese Zentralsterne tatsächlich die heißesten bislang gefundenen Oberflächen haben – Temperaturen zwischen mindestens 20000 und 100000 Grad sind nichts Ungewöhnliches.

Die Gashüllen besitzen, soweit wir das überhaupt abschätzen können, rund 20 Prozent der Sonnenmasse, doch gibt es auch massereichere Hüllen. Einige Astronomen vermuten, daß ein Stern mehr als fünfzig Prozent seiner Masse an eine solche Gashülle verlieren kann. Wenn das stimmt, dann kann ein Stern bis zur 3,5fachen Sonnenmasse noch so viel Materie durch die Bildung eines Planetarischen Nebels verlieren, daß er unter die Chanderasekhar-Grenze sinkt und zu einem Weißen Zwerg werden kann.

Die Gashülle, die während des Zusammensturzes abgeblasen wurde, wird in einer Expansionsbewegung verharren. Man kann die Ausbreitungsgeschwindigkeit messen und findet Werte zwischen 20 und 30 Kilometer pro Sekunde.

Je weiter die Gashülle sich ausdehnt, desto dünner wird das Gas. Gleichzeitig wird auch der Abstand zum Zentralstern immer größer, und es kommt entsprechend weniger Strahlung auf vergleichbare Flächeneinheiten. Das Fluoreszenzleuchten verblaßt, und die Gashülle wird immer dunkler, je weiter sie sich ausbreitet.

In einem typischen Planetarischen Nebel hat die Gashülle einen Durchmesser von rund einem halben bis einem Lichtjahr. Das entspricht etwa dem fünfhundertfachen Durchmesser der Plutobahn.

Sie hat vielleicht 20000 bis 50000 Jahre gebraucht, um sich so weit von ihrem Zentralstern zu entfernen, und das ist im Vergleich zur Lebenserwartung eines Weißen Zwerges eine kurze Zeitspanne. Wir dürfen also sagen, daß Weiße Zwerge, die von einem Planetarischen Nebel umgeben sind, erst vor relativ kurzer Zeit entstanden sein können.

Nach etwa 100000 Jahren dürfte sich die Gashülle so weit ausgedehnt und verdünnt haben, daß wir sie von der Erde aus nicht mehr sehen können. Vielleicht sind jene Weißen Zwerge, die wir ohne umgebende Planetarische Nebel beobachten, nur scheinbar ohne eine derartige Gashülle, weil sie bereits zu lichtschwach ist, um noch sichtbar zu sein, der Weiße Zwerg also schon zu alt ist.

Wir werden aber bald sehen, daß die Bildung eines Planetarischen Nebels nicht die einzige Möglichkeit für einen Stern ist, Masse zu verlieren. Es gibt eine Reihe von Beispielen solcher explodierender Materie. Der Big Bang mag das größte und aufregendste Ereignis dieser Art gewesen sein, aber der ein oder andere »Little Bang« ist auch ganz schön überwältigend.

Nova

Wer Nacht für Nacht den gestirnten Himmel mit dem bloßen Auge betrachtet, bekommt den Eindruck, als handele es sich dabei um ein Schauspiel von unvergleichlicher Ruhe und Beständigkeit. In den Wirren der Zeit war diese Unveränderlichkeit so sehr zum Symbol der Geborgenheit und Sicherheit geworden, daß früher jede ungewohnte Erscheinung – eine Finsternis, eine Sternschnuppe oder ein Komet – dazu angetan war, Furcht und Schrecken auszulösen.

Derart auffallende Erscheinungen, die selbst einem ungeübten Beobachter kaum entgingen, waren jedoch keine wirklichen Veränderungen der Sterne. Es handelte sich vielmehr immer um Vorgänge oder Objekte in unserem Sonnensystem. Wer aber aufmerksam den Himmel beobachtete, konnte durchaus hier und da etwas Neues entdecken. Zum Beispiel einen neuen Stern, den man zuvor nicht gesehen hatte. Es war keine Sternschnuppe, die aufleuchtete und verglühte. Es war allerdings auch kein Dauergast am Himmel, da er zumeist nach einigen Tage, Wochen oder Monaten wieder verblaßte und verschwand.

Hipparch von Nicaea (190–120 v. Chr.), der größte Astronom des griechischen Altertums, konnte im Jahre 134 v. Chr. einen solchen neuen Stern beobachten. Das Ereignis regte ihn an, eine erste Sternkarte zu erstellen, damit man in Zukunft ähnliche Neulinge leichter als solche würde erkennen können.

Ein vergleichsweise heller Stern leuchtete im November 1572 im Sternbild Cassiopeia auf. Daraufhin schrieb der dänische Astronom Tycho Brahe (1546–1601) ein Büchlein mit dem Titel »De stella nova« (zu deutsch: Über den neuen Stern), das seine Beobachtungen des Gaststernes schilderte. Von diesem Buchtitel leitet sich der Ausdruck »Nova« für alle derartigen, vorübergehend sichtbaren Sterne ab.

Eigentlich ist der Name sehr unzutreffend, denn Novae sind keineswegs neue Sterne, und sie entstehen auch nicht plötzlich aus dem Nichts oder aus irgendeinem Material, das nichts mit Sternen zu tun hätte, ebensowenig wie sie sich nachher nicht in Nichts auflösen, wenn sie am Himmel verblassen.

Als im Jahre 1608 das Fernrohr entwickelt wurde, dauerte es nicht mehr lange, bis die Astronomen erkannten, daß es eine ungeahnte Zahl von Sternen gibt, die zu lichtschwach sind, um sie mit dem bloßen Auge erkennen zu können. Einige dieser Sterne könnten aus irgendwelchen Gründen für eine kurze Zeit heller werden und dann wieder verblassen. Es wäre denkbar, daß ein solcher Stern, den man ohne Fernrohr nicht sehen konnte, so hell würde, daß man ihn dann mit dem bloßen Auge erkennen könnte, und nachher wieder unter die Grenzhelligkeit für das bloße Auge sinken würde. Vor der Entwicklung des Fernrohres hatte es dagegen so aussehen müssen, als tauche eine solche Nova aus dem Nichts auf und sinke später wieder ins Nichts zurück.

Diese Überlegung wäre sicher gestärkt worden, hätte man ein solches Aufleuchten eines schwachen Sterns einmal beobachten können. Aber erst 1848 wurde eine Nova tatsächlich gesehen. Damals konnte der englische Astronom John Russell Hind (1823–1895) verfolgen, wie ein schwaches Sternchen, das normalerweise ohne Fernrohr nicht zu erkennen war, allmählich heller wurde. Es erreichte die fünfte Größenklasse, war also vorübergehend mit dem bloßen Auge am Himmel zu erkennen und wurde dann wieder dunkler.

Nach der Einführung der Fotografie in die Astronomie konnte man die gleiche Himmelsgegend zu verschiedenen Zeiten aufnehmen und die Bilder vergleichen. Sterne, die ihre Helligkeit in der Zwischenzeit verändert hatten, fielen dabei auf. So konnte man eine ganze Reihe von Novae »nachträglich« entdecken. So selten, wie man früher angenommen hatte, sind diese Erscheinungen offenbar nicht. Man schätzt heute die Zahl der Novae in unserer Galaxis auf etwa 30 pro Jahr.

Doch was löst eine solche Nova-Erscheinung aus?

Was immer es sein mag, es muß ziemlich heftig sein. Der Stern, der zur Nova wird, steigert seine Helligkeit um den Faktor 1000 bis einige 10000, und diese Zunahme erfolgt innerhalb eines einzigen Tages oder in noch kürzerer Zeit. Nachdem der Höhepunkt erreicht ist, nimmt die Helligkeit zwar wieder ab, doch geht das bei weitem langsamer als der Helligkeitsanstieg. Je lichtschwächer der Stern wird, desto langsamer verliert er weiter an Helligkeit, so daß es Jahre dauern kann, ehe er seine ursprüngliche Helligkeit wieder erreicht hat.

Der plötzliche, explosionsartige Anstieg der Helligkeit ist wahrscheinlich auf eine buchstäbliche Explosion zurückzuführen. Eine genaue Analyse der Novae-Spektren deutet darauf hin, daß Gashüllen vom Stern weggeschleudert werden.
Könnte eine Nova der Entstehungsprozeß eines Planetarischen Nebels sein? Ist eine Nova gewissermaßen das letzte Aufbäumen des Sterns vor dem Zusammenbruch? Wohl kaum. Bevor sich ein Weißer Zwerg bildet, muß der Stern zu einem Roten Riesen geworden sein; Sterne, die man kurz vor einer Nova-Explosion beobachtet hatte, waren jedoch offenbar keine Rote Riesen. Außerdem werden nur etwa 0,02 Promille einer Sonnenmasse von einer Nova ausgeworfen, während ein Planetarischer Nebel mindestens einige tausendmal mehr Masse enthält.
Können wir uns aber eine andere Explosion vorstellen als die, welche zur Bildung eines Planetarischen Nebels führt?
Auf den ersten Blick erscheinen die Chancen gering. Sterne sind normalerweise recht stabil – wie zum Beispiel unsere Sonne. Die Last der Schwerkraft und der Gasdruck sind in einem Gleichgewichtszustand, so daß ein Stern wie unsere Sonne über mehrere Milliarden Jahre hinweg ohne plötzliche Veränderungen der Größe oder Temperatur bestehen kann. Es gibt zwar Sonnenflecken, die ein bißchen kühler sind als die normale Sonnenoberfläche, und es gibt sogenannte Flares, Eruptionen an der Sonnenoberfläche, deren Temperatur höher ist als die der Umgebung, doch diese Veränderungen sind sehr klein und können mit dem Geschehen einer Nova nicht verglichen werden.
Nicht alle Sterne sind aber so beständig wie unsere Sonne. Da gibt es zum Beispiel Objekte, die ihre Helligkeit fortwährend verändern, nicht selten mit einem regelmäßigen Rhythmus. Dies kann daran liegen, daß ein heller Stern ganz oder teilweise von einem lichtschwächeren Begleiter bedeckt wird, wenn er auf seiner Bahn um den hellen Stern zwischen diesem und uns hindurchzieht.
In anderen Fällen ist die Helligkeitsänderung auf Prozesse im Stern selbst zurückzuführen.
Im Jahre 1784 entdeckte der taubstumme englische Amateurastronom John Goodricke (1764–1786) den Lichtwechsel des Sternes Delta Cephei (im Sternbild

Cepheus). Sehr groß ist die Veränderung nicht: Die Helligkeit wächst von 4,3 Größenklassen um etwa den Faktor zwei auf 3,6 Größenklassen und sinkt dann wieder auf den ursprünglichen Wert (astronomische Größenklasse sind ein logarithmisches Maß für die Sternhelligkeiten: Ein Größenklassenunterschied von 1 entspricht einem Helligkeitsunterschied von 2,5; ein Stern 1. Größe ist demnach 100mal heller als ein Stern 6. Größe – je kleiner die Zahl, desto heller nämlich der Stern). Diese Verdopplung der Helligkeit ist ohne Fernrohr nicht gerade auffällig. Der Lichtwechsel selbst ist jedoch ungewöhnlich. Der Stern wird rasch heller, verliert langsam an Leuchtkraft, wird wiederum rasch heller und verblaßt erneut allmählich; jede Periode dauert etwa 5,4 Tage. In den fast zweihundert Jahren seit dieser Entdeckung wurden in unserer Milchstraße rund 700 Sterne mit ähnlichem Lichtwechsel aufgespürt, die rasch heller werden und langsamer verblassen – sie alle werden Cepheiden-Veränderliche genannt in Anlehnung an den zuerst entdeckten Vertreter dieser Sterne.

Cepheiden unterscheiden sich voneinander vor allem durch die Periodenlänge des Lichtwechsels. Bei einigen vergehen zwischen einem Maximum und dem nächsten bis zu 50 Tage, bei anderen dagegen nur etwa ein Tag. Eine andere Gruppe veränderlicher Sterne, deren Lichtwechsel ganz ähnlich verläuft, hat Perioden zwischen 6 und 12 Stunden; sie werden RR-Lyrae-Sterne genannt nach dem ersten entdeckten Mitglied dieser Gruppe, RR Lyrae (im Sternbild Leier).

Im Jahre 1912 konnte die amerikanische Astronomin Henrietta Swan Leavitt (1868–1921) zeigen, daß die Periodenlänge von der Masse und der Leuchtkraft des Sternes abhängig ist. Je massereicher und damit leuchtstärker ein Cepheid ist, desto mehr Zeit vergeht zwischen zwei Lichtmaxima.

Offensichtlich pulsieren Cepheiden, und darin liegt auch ihr Helligkeitswechsel begründet. Ein Cepheid hat in seiner Entwicklung ein Stadium erreicht, bei dem das Gleichgewicht zwischen Schwerkraft und Zentraltemperatur nicht länger konstant ist. Vielleicht geht der atomare Kernbrennstoff zur Neige und die Innentemperatur sinkt. Der Stern beginnt deshalb zu schrumpfen; dabei steigt die Dichte im Innern, die letzten Reste des Brennstoffvorrates werden noch einmal »zusammengefegt«, die Kernreaktionen werden wieder beschleunigt, und so steigt auch die Temperatur. Das aber treibt den Stern wieder auseinander, wodurch die Kernregion etwas ausgedünnt wird, und gleich läßt das atomare Feuer wieder nach – der Prozeß beginnt von neuem.

Je massereicher ein Stern ist, desto mehr Zeit benötigt er für einen vollen Zyklus. Wahrscheinlich ist dieses Stadium der Veränderlichkeit astronomisch gesehen von kurzer Dauer, und an seinem Ende dürfte die gewohnte Weiterentwicklung zum Roten Riesen mit einem anschließenden Zusammensturz stehen.

Könnte es sein, daß Novae nichts anderes als Cepheiden sind, bei denen das Pulsieren zu heftig geworden ist? Vielleicht »schaukeln« sich diese Pulsationen mit der Zeit so weit auf, daß die Expansion schließlich explosionsartig verläuft und die äußeren Teile des Cepheiden abgestoßen werden – ein Prozeß, der den Stern für sehr kurze Zeit nicht nur zwei- oder dreimal heller werden läßt, sondern tausend- oder zehntausendmal und mehr. Der Masseverlust könnte das Pulsieren beruhigen, so daß der Cepheid zu einer normalen Pulsation zurückfindet, die dann vielleicht irgendwann zu einer erneuten Explosion anschwillt. Mehrere solche Explosionen würden folgen, ehe der Stern schließlich zum Roten Riesen wird und anschließend in sich zusammenstürzt.

Man hat tatsächlich Sterne beobachten können, die innerhalb eines Jahrhunderts mehrfach explodierten; viel länger werden solche Ereignisse ja noch gar nicht aufmerksam verfolgt. Diese Sterne werden rekurrierende, das heißt wiederkehrende Novae genannt. Und alle Cepheiden, selbst die kleinsten, haben deutlich mehr Masse als unsere Sonne. Es sind große, helle Sterne, die eben einen Teil ihrer Masse loswerden müssen, wenn sie unter der Chandrasekhar-Grenze bleiben und als Weißer Zwerg enden sollen.

Es scheint, als würde alles zusammenpassen, und doch stimmt diese Überlegung nicht. Eine Untersuchung hat gezeigt, daß Sterne, die zur Nova wurden, weder vorher noch nachher Cepheiden-Veränderliche sind. Es sind nicht einmal große Sterne; sie sind klein und lichtschwach, obwohl sie eine hohe Oberflächentemperatur besitzen.

Die Kombination von Kleinheit und Leuchtschwäche zusammen mit hohen Oberflächentemperaturen könnte zu der Vermutung führen, daß es vielleicht Weiße Zwerge sind. Doch Weiße Zwerge, das hatten wir gesehen, sind so kompakt und dicht und haben eine so hohe Oberflächenschwerkraft, daß sie sehr stabil sein müssen. Wie könnten sie explodieren?
Im Jahre 1955 äußerte der russisch-amerikanische Astronom Otto Struve (1897–1963) die Vermutung, daß alle Novae Partner eines engen Doppelsternsystems seien; in einem solchen System umkreisen sich zwei Sterne in sehr geringem Abstand. Ist der Partner A größer als sein Begleiter B, so erreicht er das Ende des Hauptreihenstadiums früher als dieser. Wenn sich A nun zum Roten Riesen aufbläht, mag einiges seiner Masse auf B überströmen, der ja noch ein stabiler Hauptreihenstern ist. Die Masse von B wird also größer, während A an Masse verliert. Nach dem Roter-Riese-Stadium kann A dann direkt zum Weißen Zwerg werden, ohne vorher noch Materie in Form eines Planetarischen Nebels abgeben zu müssen, selbst wenn seine Ausgangsmasse etwas oberhalb der Chandrasekhar-Grenze lag. Irgendwann wird dann auch B die Hauptreihe verlassen, zumal seine Lebenserwartung durch den Massezuwachs während der Expansion von A verkürzt wurde. Wenn B dann zum Roten Riesen wird, gibt er das »Geschenk« zurück: Auch er verliert Materie an seinen Partner A, der nun aber bereits ein Weißer Zwerg ist. Und die Oberflächenschwerkraft eines Weißen Zwerges ist sehr groß. Also wird die überströmende Materie plötzlich verdichtet. Da sie aber auch noch unverbrauchten Wasserstoff enthalten dürfte – sie stammt ja aus der äußeren Schicht von B –, könnte diese plötzliche Verdichtung noch einmal eine Kernreaktion zünden, wenn erst einmal genügend Material übergeflossen ist. Eine solche abrupte Kernexplosion vermag natürlich einen gewaltigen Lichtblitz auszulösen, der uns dann als Nova erscheint. Eine rekurrierende Nova würde dann durch mehrmaliges Überströmen von Materie vom Roten Riesen B zum Weißen Zwerg A erklärt. Auf diese Weise könnten auch B zu einem Weißen Zwerg werden, obwohl in der Zwischenzeit durch den Massezuwachs während der Expansion von A auch über die Chandrasekhar-Grenze gelegen haben mag.

Sirius A und Sirius B wären ein gutes Beispiel für diesen Ablauf, wenn sie näher beieinander stünden. Leider ist jedoch ihr gegenseitiger Abstand etwas größer als die Entfernung Sonne–Uranus, so daß ihr gegenseitiger Einfluß begrenzt ist.
Als beide vor vielleicht 250 Millionen Jahren entstanden, muß der Stern, der jetzt Sirius B ist, der größere und hellere von beiden gewesen sein; seine Masse war dann vielleicht dreimal so groß wie die Masse der Sonne. Als die Dinosaurier die Erde bevölkerten, dürfte er am irdischen Himmel so hell geleuchtet haben wie heute die Venus.
Sirius B konnte sich nicht lange auf der Hauptreihe halten. Er wurde zum Roten Riesen und gab dann zwei Drittel seiner Masse an einen Planetarischen Nebel ab. Diese Gashülle hat sich seither so weit ausgedehnt, daß man sie nicht mehr beobachten kann. Einiges muß aber auch auf den benachbarten Sirius A gestürzt sein. Dadurch wurde dieser heller, und seine Lebenserwartung ging zurück. Wäre der Abstand zwischen Sirius A und B geringer gewesen, so hätte A viel mehr Masse aus den Außenbezirken von B übernommen, vielleicht so viel, daß er schon kurz nach Sirius B die Hauptreihe hätte verlassen können. Dann wäre Sirius heute vielleicht ein Doppelsternsystem, das aus zwei Weißen Zwergen bestünde.
Doch so, wie die Verhältnisse jetzt sind, wird sich Sirius A irgendwann zu einem Roten Riesen aufblähen und ebenfalls einen Planetarischen Nebel bilden. Sirius B wird dann – wie zuvor A – einen Teil dieser Gashülle aufsaugen und vielleicht als Nova aufblitzen. Für unsere Nachkommen wäre dies sicher ein sehr spektakuläres Schauspiel – wenn es dann noch jemanden gibt, der es beobachten kann.
Damit haben wir jetzt zwei Möglichkeiten kennengelernt, nach denen ein massereicher Stern einen Teil seiner Materie loswerden kann und dann noch unter die Chandrasekhar-Grenze sinkt, also noch als Weißer Zwerg enden kann. Beide Wege – die Bildung eines Planetarischen Nebels und der Masseaustausch bei engen Doppelsternen – reichen aber nur für Sterne bis zur vielleicht dreifachen Sonnenmasse als Ausweg. Doch kennen wir noch massereichere Sterne. Was geschieht mit ihnen? Kehren wir noch einmal zum Problem der Novae zurück.

Supernovae

In der Zeit vor der Erfindung des Fernrohres wurden nur die Novae registriert, die besonders hell waren.
Die Nova, die Tycho Brahe beobachtete, und die Anlaß zu seinem Büchlein war, das der Erscheinung schließlich den Namen gab, gehörte zu diesen besonders hellen. Im Maximum war Tychos Nova fünf- bis zehnmal heller als die Venus, vielleicht hundertmal so hell wie der hellste normale, stabile Stern Sirius. Tychos Nova konnte sogar am Taghimmel gesehen werden, und nachts warf das Licht einen schwachen Schatten, sofern der Mond nicht am Himmel leuchtete.
Einige Jahre später, 1604, tauchte im Sternbild Schlangenträger eine weitere helle Nova auf. Sie erreichte zwar nur 3 bis 4 Prozent der Helligkeit von Tychos Stern, doch war auch sie noch dreimal so hell wie Sirius. Seither ist keine derart auffallende Nova mehr beobachtet worden.
Schon früher hatte man jedoch solche Ereignisse registriert, so zum Beispiel das Aufleuchten eines hellen Sterns im Sternbild Stier im Juli 1054. In Europa findet man kaum Hinweise auf dieses Ereignis, da die Himmelskunde während des Mittelalters bei uns nahezu in Vergessenheit geraten war. Chinesische und japanische Astronomen dagegen haben die Erscheinung überliefert.
Die Nova aus dem Jahre 1054 war wie die von 1572 deutlich heller als Venus; wahrscheinlich war sie sogar die hellere von beiden, denn sie konnte mehr als drei Wochen lang am Taghimmel nahe der Sonne beobachtet werden. Ihre Helligkeit ging nur sehr langsam zurück und sank erst nach Ablauf von zwei Jahren unter die Sichtbarkeitsgrenze für das bloße Auge.
Warum waren diese Novae so viel heller als andere? Eine denkbare Antwort wäre, daß sie eben weniger weit entfernt aufleuchteten und uns dadurch lediglich heller erschienen als andere.
Im Jahre 1885 konnte jedoch eine Nova im Andromeda-Nebel beobachtet werden. Der Andromeda-Nebel ist ein schwachleuchtender Lichtfleck, den die Astronomen damals als Gas- und Staubwolke in unserer Milchstraße ansahen. Die Nova, die

Die Raumsonde Voyager 1 übermittelte im März 1979 dieses Foto vom Jupiter. Der Riesenplanet steht nahe der Grenze zwischen Planet und Stern. Wäre der Jupiter fünf- oder zehnmal massereicher, so wäre seine Schwerkraft stark genug, um die Atome im Innern aufzubrechen; atomare Umwandlungen in Form von Kernverschmelzungen wären die Folge – Jupiter würde zu einer Zwergsonne. (NASA-Foto)

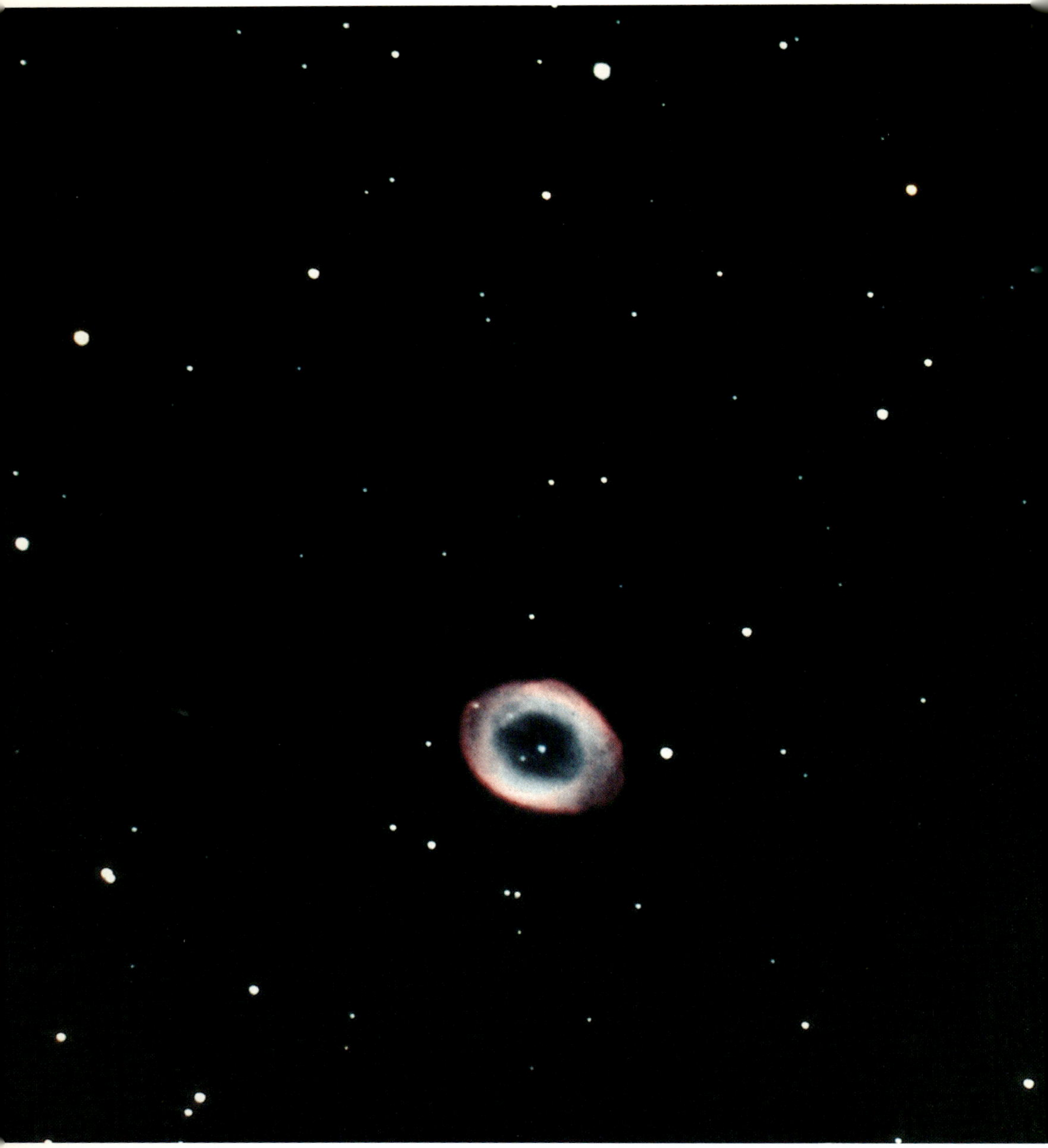

Im Zentrum dieser ringförmig erscheinenden Gasschale steht ein Weißer Zwerg, ein planetengroßer Sternrest aus »entarteter« Materie: Die Atome sind aufgebrochen, so daß Atomkerne und freie Elektronen sich viel dichter aneinanderlagern können. Trotz der kleinen Dimensionen enthält ein solches Objekt ungefähr die Masse unserer Sonne. (US-Naval Observatory)

Der Crabnebel im Sternbild Stier ist der Überrest einer Sternexplosion aus dem Jahre 1054. Hier durchlebte vor rund 925 Jahren ein massereicher Stern seinen »Gravitationskollaps«, nachdem die Kernkraft im Innern der Schwerkraft keinen Widerstand mehr entgegensetzen konnte. Der verbliebene Sternrest ist ungefähr 20 Kilometer groß und enthält trotzdem mehr als eineinhalb Sonnenmassen. (Palomar-Observatories)

In den Zentren der Galaxien (das Bild zeigt die Gegend des Milchstraßenzentrums, das sich hinter einer Dunkelwolke in der Bildmitte verbirgt) vermuten einige Astronomen gewaltige Schwarze Löcher, extrem dichte Materieansammlungen, bei denen die Schwerkraft beherrschend ist. Wie gewaltige Staubsauger schlucken sie Materie, die in die Nähe ihres Anziehungsbereiches kommt. (US-Naval Observatory)

ihrer Meinung nach mit dieser Wolke gar nichts zu tun hatte, sondern nur zufällig in der gleichen Richtung aufleuchtete, war auch gar nicht einmal besonders auffällig; sie erreichte nur die siebte Größenklasse und konnte mit dem bloßen Auge nicht erkannt werden.

Als man aber in den darauffolgenden Jahren den Andromeda-Nebel intensiv beobachtete, fand man immer mehr Novae in dieser Richtung. Das konnte kein Zufall sein, und so wuchs langsam die Ansicht, daß es sich bei dem Andromeda-Nebel um eine weit entfernte Ansammlung von Sternen handeln müsse, die man normalerweise nicht als einzelne Objekte erkennen könne. Nur das gelegentliche Aufleuchten einer Nova war über diese Distanz zu beobachten. Doch erst in den Zwanziger Jahren unseres Jahrhunderts hatte sich diese Ansicht allgemein durchgesetzt, und man begann, von der Andromeda-Galaxie zu sprechen, einer Milchstraße weit jenseits unserer Galaxis und größer noch als diese.

Alle Novae, die man nach 1885 in der Andromeda-Galaxie beobachten konnte, waren ausgesprochen lichtschwach und konnten daher mit den normalen Novae in unserer Milchstraße verglichen werden.

Anders die Nova aus dem Jahre 1885. Sie muß sehr viel heller gewesen sein als normale Novae in der Andromeda-Galaxie oder auch in unserer Milchstraße. Sie war so hell, daß sie allein für kurze Zeit fast soviel Licht aussandte wie die ganze übrige Galaxie. Zum Zeitpunkt ihres Lichtmaximums war sie zehn Milliarden mal heller als unsere Sonne und 100000mal heller als eine gewöhnliche Nova. Eine solche Erscheinung nennt man inzwischen Supernova, und so erhielt die Nova aus dem Jahre 1885 nachträglich den Namen S Andromedae, wobei das S für Supernova steht.

Nachdem man einmal diesen Unterschied zwischen Nova und Supernova erkannt hatte, war klar, daß die hellen Novae der Jahre 1054, 1572 und 1604 Supernovae in unserer Milchstraße gewesen sein mußten.

Supernovae sind viel seltener zu beobachten als gewöhnliche Novae. Die Astronomen spüren gelegentlich eine auf, in der einen oder anderen fernen Milchstraße. Wenn eine Supernova erst einmal aufgeleuchtet ist, ist sie leicht zu entdecken.

Sobald ein Stern in einer Milchstraße aufblitzt und so hell wird, daß er den Rest der Milchstraße überstrahlt, weiß ein Astronom, daß er eine Supernova gefunden hat. Man rechnet heute im Durchschnitt mit 3 Supernovae pro Jahrhundert für eine Milchstraße, verglichen mit 30000 normalen Novae. Mit anderen Worten: Auf je 10000 Novae kommt eine Supernova.

Das genaue Studium der Supernovae ist nicht gerade einfach, solange sie nur in weit entfernten Milchstraßen aufleuchten. Eine Supernova in unserer Galaxis wäre viel »hilfreicher«, aber leider ist seit dem Jahre 1604 in unserer Milchstraße kein derartiges Ereignis mehr beobachtet worden. So war die Supernova aus dem Jahre 1885, S Andromedae, seit Jahrhunderten die nächstgelegene Sternexplosion dieser Art.

Es leuchtet ein, daß eine Supernova nur im Zusammenhang mit der Explosion eines besonders großen und massereichen Sterns auftreten kann. Nichts sonst könnte eine Strahlung produzieren, die 10 Milliarden mal heller ist als die der Sonne. Darüber hinaus werden bei Supernova-Ereignissen Gasmassen herausgeschleudert, neben denen die Planetarischen Nebel wie Zwerge erscheinen. Das bekannteste Beispiel dafür ist die Region im Sternbild Stier, in der die große Supernova aus dem Jahre 1054 zu beobachten war: Dort können wir heute einen großen Nebelfleck aus leuchtendem Gas erkennen.

Dieser Nebel wurde zum ersten Mal im Jahre 1731 von dem englischen Astronom John Bevis (1693–1771) beobachtet. 1844 untersuchte der irische Astronom William Parsons, der spätere Lord Rosse (1800–1867), den Nebelfleck mit einem großen selbstgebauten Spiegelteleskop. Er fand, daß die Wolke von unregelmäßigen Linien durchzogen war, die ihn an die Beine eines Krebses erinnerten. Er nannte das Objekt daher Crab-Nebel (zu deutsch: Krabbennebel), und unter diesem Namen ist der Gasnebel bis heute bekannt.

Genaue Analysen der Gaswolken im Crab-Nebel zeigten, daß sie sich immer noch mit einer Geschwindigkeit von rund 1300 Kilometer pro Sekunde ausdehnen. Diese Geschwindigkeit allein, die so viel größer ist als die Ausbreitungsgeschwindigkeit eines Planetarischen Nebels, deutet schon auf die ungeheure Wucht der Supernova-Explosion hin. Wenn man die Ausbreitungsbewegung zurück»rechnet«, findet man, daß die Gasmassen vor rund 920 Jahren an einem Punkt vereint gewesen sein müssen.

Auch an anderen Stellen haben die Astronomen zurückgerechnet. Wann immer sie eine Spur von leuchtendem Gas am Himmel erkennen, das auch nur irgendwie aussieht wie der Teil einer Kugelschale, versuchen sie, eine Supernova nachzuweisen. Aus der Ausbreitungsgeschwindigkeit können sie sogar annähernd den Zeitpunkt der Explosion errechnen. Etwa 14 solcher Ereignisse, die drei bekannten eingeschlossen, dürften in den letzten 20000 Jahren am irdischen Himmel zu beobachten gewesen sein. Wenn die Supernova-Häufigkeit in unserer Milchstraße aber ähnlich ist wie in anderen Galaxien, müßten es eigentlich 60 oder 65 gewesen sein. Die etwa fünfzig, die wir nicht beobachten konnten, müssen daher in weit entfernten Regionen der Milchstraße stattgefunden haben, in Regionen, die wir von der Erde aus nicht sehen können, weil dazwischenliegende Staubwolken den Blick versperren.

Von den uns bekannten Supernova-Überresten scheint der nächstgelegene im Sternbild Vela (am südlichen Sternenhimmel zu beobachten) zu stehen. Diese Supernova, aus der der sogenannte Gum-Nebel entstand, leuchtete in einer Entfernung von nur 1500 Lichtjahren auf; der Crabnebel ist dreimal soweit von uns entfernt. Der Gum-Nebel, dessen Zusammenhang mit einer Supernova zum ersten Mal von dem australischen Astronomen Colin S. Gum vermutet wurde, reicht bis auf rund 300 Lichtjahre an unser Sonnensystem heran.

Die Supernova im Sternbild Vela dürfte vor rund 15000 Jahren aufgetaucht sein, als die letzte Eiszeit zu Ende ging. Zum Zeitpunkt ihres Lichtmaximums mag sie für einige Tage so hell wie der Vollmond gewesen sein, und so können wir die Menschen der damaligen Zeit nur beneiden ob dieses grandiosen Naturschauspiels.

Wodurch wird nun eine Supernova ausgelöst?

Je massereicher ein Stern ist, desto höher sind seine Zentraltemperaturen. Ein wirklich massiver Stern besitzt im Innern Temperaturwerte, die ein kleinerer Stern in keinem Stadium seiner Entwicklung erreichen kann. Wir müssen daher nach Vorgängen suchen, die nur bei derart extrem hohen Temperaturen ablaufen können, um eine Supernova zu erklären.

Der chinesisch-amerikanische Astronom Hong-Yee Chiu (1932–) hat eine interessante Erklärung vorgeschlagen. Die Kernreaktionen im Innern eines Sternes produzieren zwei Sorten masseloser Teilchen, die mit Lichtgeschwindigkeit davonsausen. Das eine sind die Photonen, die »Lichtteilchen«, das andere die Neutrinos.

Beide Teilchen unterscheiden sich wie folgt voneinander:

Photonen können ohne weiteres von Materie »verschluckt« werden, so daß sie schon unmittelbar nach ihrer Entstehung wieder »verschwinden« können. Sie werden aber auch ebenso schnell wieder neu ausgesandt und abermals absorbiert, und so fort. Sie bewegen sich also immer nur auf ganz kurzen Bahnstücken mit Lichtgeschwindigkeit, nur in den extrem kurzen Zeitspannen zwischen Aussendung und Absorption. Die Folge ist, daß ein Photon vom Kern der Sonne bis zur Oberfläche etwa eine Million Jahre unterwegs ist. Der Abtransport der Energie aus dem Zentrum durch Photonen geht daher sehr langsam vonstatten, so daß Sterne, die ihre Energie über Photonen abgeben, dies sehr beständig und über viele Milliarden Jahre tun können.

Die Neutrinos dagegen reagieren überhaupt nicht oder nur in äußerst geringem Umfang mit der übrigen Materie. Wenn sie im Kern der Sonne erzeugt werden, können sie die äußeren Schichten der Sonne ungehindert mit Lichtgeschwindigkeit durchdringen, so als ob überhaupt keine Materie vorhanden wäre. Sie brauchen nur wenig mehr als 2 Sekunden, um vom Sonnenkern zur Sonnenoberfläche zu gelangen und dann in den umgebenden Weltraum einzudringen. Selbst bei den größten Sternen der Hauptreihe dauert es allenfalls 12 Sekunden, ehe ein Neutrino die Sternoberfläche erreicht hat. Energie, die in Form von Neutrinos abgegeben wird, ist daher sofort verloren.

In normalen Sternen ist allerdings der Anteil der abgegebenen Neutrino-Energie ziemlich klein, so daß wir gewöhnlich nur die Photonenenergie zu berücksichtigen brauchen.

Chiu nimmt nun an, daß unter extrem hohen Temperaturen – sagen wir einmal 6 Milliarden Grad – die dann ablaufenden Kernreaktionen eine große Zahl von Neutrinos produzieren. Zur Zeit hat die Sonne eine Zentraltemperatur von rund 15 Millionen Grad, und sie wird niemals 6 Milliarden Grad erreichen. Sterne mit genügend Masse können diese Grenze aber durchaus überschreiten, und in diesem Augenblick wird eine Lawine von Neutrinos produziert, die dann auf einmal einen Großteil der Energie aus dem Zentrum innerhalb weniger Sekunden abtransportieren. Damit verliert der Kern aber die Energie, die notwendig ist, um den Stern gegen seine eigene Massenanziehung stabil zu halten.

Als Folge davon kühlt sich der Kern plötzlich ab, vielleicht innerhalb weniger Minuten, und der Stern stürzt mit einer Wucht in sich zusammen, gegen die der Ablauf bei der Entstehung eines Planetarischen Nebels geradezu harmlos ist.

In diesen massereichen Sternen, deren Kerne an die 6-Milliarden-Grad-Grenze herankommen, sind die Verschmelzungsprozesse im Innern bis zum Eisen abgelaufen. In den Außenbezirken aber, wo es vergleichsweise kühl ist, gibt es noch genügend kleinere Atomkerne. Geht man daher in Gedanken von innen nach außen durch einen solchen Stern, so trifft man auf immer weniger weit »entwickelte« Regionen, die mehr und mehr einfachere Atome enthalten; sie könnten noch weiter verschmelzen, doch die Temperatur ist aufgrund des Abstands zum Kern bereits zu gering, als daß die atomaren Prozesse gezündet würden. In den Randgebieten dürfte sogar noch eine Menge »unverbrauchten« Wasserstoffs zu finden sein.

Wenn nun dieser Stern plötzlich in sich zusammenfällt, steigt die Temperatur rasch an, weil die kinetische Energie der Fallbewegung in Wärme umgewandelt wird. Die Temperatur steigt so stark an, daß fast der gesamte noch verbliebene Brennstoffvorrat auf einmal aufgebraucht wird. So wird verständlich, warum eine einzige Supernova vorübergehend so hell werden kann wie eine ganze Milchstraße.

Während dieses Infernos passiert zweierlei. Zum einen werden eine Vielzahl höherer Atomkerne jenseits des Eisens gebildet, weil der Stern nunmehr vorübergehend einen Überschuß an Energie besitzt, der diese weitere Fusion ermöglicht, und zum anderen treibt die Explosion weite Teile des Sterns als eine Hülle heißen Gases auseinander. Diese Gaswolke enthält dann auch einen Teil der komplexeren Atomkerne bis hin zum Uran. Über einen Zeitraum von vielen tausend Jahren breitet

sich diese Gaswolke aus, wird dünner und kühler und verliert sich schließlich im interstellaren Raum, wo das Gas zur Bildung neuer Sterne genutzt werden kann.
Sterne der ersten Generation, die aus der Urmaterie nach dem Big Bang entstanden, enthalten zum überwiegenden Teil Wasserstoff und Helium, und ähnliches muß für ihre Planeten gelten. Atomkerne jenseits von Helium gibt es nur in der Kernregion, und dort bleiben sie – bis vielleicht eine Supernova-Explosion den Stern zerfetzt.
Sterne der zweiten Generation wie etwa unsere Sonne verfügen bereits über kleine Anteile schwererer Atomkerne, die von Supernova-Explosionen stammen und von dort dem interstellaren Gas beigemischt wurden. Die Planeten dieser Sterne der zweiten Generation, wie etwa die Erde, enthalten diese Elemente ebenfalls. Leben wäre ohne die schwereren Elemente wie Kohlenstoff und Sauerstoff undenkbar. So können wir sagen, daß alle Atome unserer Körper mit Ausnahme des Wasserstoffs früher einmal in den Kernregionen von Sternen waren, die dann als Supernova explodierten.
Die gewaltige Explosion einer Supernova kann bis zu 90 Prozent der ursprünglichen Sternmasse in den umgebenden Weltraum treiben, so daß nur noch ein bescheidener Rest schließlich kollabiert. Es fällt nicht schwer anzunehmen, daß bei einer Supernova ein Rest übrigbleibt, dessen Masse unterhalb der Chandrasekhar-Grenze liegt. Ganz gleich also, wie groß die Masse eines Sterns zu Beginn sein mag – er kann immer zu einem Weißen Zwerg schrumpfen. Ist die Ausgangsmasse kleiner als 1,4 Sonnenmassen, so geht dieser Prozeß ohne Aufsehen vonstatten, ist sie größer, dann durchlebt der Stern zuvor eine Explosion, deren Heftigkeit mit steigender Masse zunimmt.
Geht man von durchschnittlich 3 Supernova-Explosionen pro Jahrhundert für jede Milchstraße aus, so kann man aus dem Alter des Universums von 15 Milliarden Jahren auf eine Zahl von etwa 45 Millionen Supernovae schließen, die seither in unserer Milchstraße stattgefunden haben müßten. Wenn sie alle zu Weißen Zwergen führen würden, so erhielte man auf diese Weise rund 1 Prozent der geschätzten Gesamtzahl der Weißen Zwerge in unserer Milchstraße.

Das erscheint vernünftig. Schließlich durchleben nur die sehr massereichen Sterne eine Supernova-Explosion, während die kleineren Sterne auf dem »Umweg« über einen Planetarischen Nebel oder ohne auffallende Begleiterscheinung zum Weißen Zwerg werden. Und es gibt viel mehr kleine Sterne als massereiche, so daß wir also auch mehr Weiße Zwerge erwarten müssen als Supernova-Explosionen. Wir müssen uns in diesem Zusammenhang aber noch einmal daran erinnern, daß »kleine« Sterne an dieser Stelle bedeutet »etwa so groß wie die Sonne«; keiner der wirklich kleinen Sterne, die ja die überwiegende Mehrheit in unserer Milchstraße darstellen, hat bislang die Hauptreihe verlassen oder gar den Kollaps hinter sich, nicht einmal diejenigen, die schon kurz nach dem Big Bang entstanden.

So könnte es scheinen, als wäre die Endphase der Sternentwicklung eindeutig geklärt: Alle Sterne beenden ihr Dasein als Weißer Zwerg, der dann noch zu einem Schwarzen Zwerg auskühlt. Aber einige Astronomen waren auch damit noch nicht zufrieden . . .

VI. Neutronensterne

Jenseits der Weißen Zwerge

Man hat Sterne gefunden, die 50 oder gar 70 Sonnenmassen in sich vereinen. Wenn ein solcher Stern ausgebrannt ist, muß er mit einem unvorstellbaren Spektakel von der Weltbühne abtreten. Schließlich müßte er weit über 95 Prozent seiner Masse loswerden, wenn er am Ende noch unter die Chandrasekhar-Grenze rutschen und als Weißer Zwerg enden will.

Das kann vorkommen, aber was ist, wenn der Masseverlust nicht ausreicht? Die Astronomen wissen, daß ein Stern während einer Supernova eine ganze Menge seiner Materie verliert, doch kennen sie bislang keinen zwingenden Grund dafür, daß bei einer solchen Sternexplosion soviel Masse verloren gehen muß, daß der Stern unter die Chandrasekhar-Grenze fällt. Was passiert beispielsweise, wenn nach einer Supernova ein »Sternrest« von zwei Sonnenmassen übrigbleibt, der dann kollabiert? Die Elektronenflüssigkeit wird entstehen und verdichtet – und weiter verdichtet – und zerquetscht werden. Der Sog der Schwerkraft wird einfach zu groß, um von einer noch so dichten Elektronenflüssigkeit aufgehalten werden zu können.

Die Elektronen werden dann zu solchen Dichten zusammengepreßt, daß sie nicht länger existieren können. Innerhalb der Elektronenflüssigkeit konnten sich Protonen und Neutronen noch frei bewegen; jetzt aber werden sich die Elektronen mit den Protonen verbinden und zusätzliche Neutronen bilden. Elektronen und Protonen sind ja in jedem Stück Materie, ob Staubkorn oder Stern, nahezu gleich verteilt, so daß nach ihrer Vereinigung der kollabierende Stern fast nur noch aus Neutronen besteht.

Diese Neutronen werden durch den Gravitationskollaps so weit verdichtet, bis sie sich scheinbar berühren. Dann erst kann der Zusammensturz aufgehalten werden. Die starke Wechselwirkung, die das Verhalten der schweren Teilchen bestimmt, verhindert ein weiteres Zusammenrücken der Neutronen. Jetzt ist es nicht mehr die elektromagnetische Kraft, die der Schwerkraft die Waage hält wie etwa in den Planeten, den normalen Sternen und selbst in den Weißen Zwergen. Die Gravitationskraft wird jetzt von der Kernkraft aufgehalten, die ja viel stärker als die elektromagnetische Kraft ist.

Ein Stern, der nur noch einander berührende Neutronen enthält, wird Neutronenstern genannt. In ihm bilden die Neutronen eine Neutronenflüssigkeit, die manchmal auch als Neutronium bezeichnet wird. In gewissem Sinne besteht auch der Atomkern aus Neutronium (und Protonium), und so könnte man einen Neutronenstern umgekehrt als gewaltigen Kern bezeichnen. Neutronium ist unvorstellbar dicht: Es ist billiardenmal dichter als normale Materie. Ein Kubikzentimeter Neutronium wöge soviel wie 10 Millionen Elektrolokomotiven der Deutschen Bundesbahn.

Würde eine Kugel gewöhnlicher Materie in Neutronium umgewandelt, so ginge der Durchmesser auf ein Hunderttausendstel des ursprünglichen Wertes zurück, ohne daß dabei Masse verloren ginge. Die Erde beispielsweise mit ihrem mittleren Durchmesser von 12740 Kilometer würde als Neutronen»stern« nur noch einen Durchmesser von etwa 130 Metern haben, also wenig mehr als die Länge eines Fußballfeldes; und doch enthielte sie als derart kleine Kugel die gesamte Erdmasse. Ähnlich ist es mit der Sonne. Bestünde sie aus Neutronium, so würde ihr Durchmesser von jetzt 1,4 Millionen Kilometer auf 14 Kilometer schrumpfen. Sie wäre dann kaum größer als ein kleiner Asteroid, hätte aber nach wie vor die gesamte Sonnenmasse in sich vereint.

Wir werden noch sehen, daß es wenig sinnvoll ist, Neutronensterne mit einem Vielfachen der Sonnenmasse zu erwarten. Trotzdem wollen wir einmal herausfinden, wie groß solch massereiche Objekte wären. Ein Stern mit fünfzigfacher Sonnenmasse hätte als Neutronenstern einen Durchmesser von rund 60 Kilometern. Selbst das kosmische Ei hat man sich eine Zeitlang als gigantischen Neutronenball vorgestellt, als Neutronen-Universum gewissermaßen. Ein solcher Neutronenball wäre nur 300 Millionen Kilometer groß, würde also, stünde er an der Stelle unserer Sonne, lediglich bis zur Erdbahn reichen, und das, obwohl er die gesamte Masse der über 100 Milliarden Sterne unserer Milchstraße und all die Sterne der vielleicht 100 Milliarden übrigen Milchstraßen in sich vereinte.

Auf der anderen Seite sind dagegen Neutronensterne denkbar, deren Masse unterhalb der Chandrasekhar-Grenze liegt. Wenn eine Supernova explodiert, kollabiert der Sternrest so heftig, daß allein aufgrund der Einsturzgeschwindigkeit die Elektronenflüssigkeit zerquetscht wird. Es ist also nicht so sehr die bloße Masse, die aufgrund ihres Gewichts diesen Widerstand bricht, sondern die Geschwindigkeit, die ja in die Formel für die kinetische Energie mit dem Quadrat eingeht. Wenn aber die Elektronenflüssigkeit erst einmal zerstäubt ist, kann sie nicht mehr nachträglich neu entstehen. Die Folge ist, daß sich ein Neutronenstern mit nur 20 Prozent der Sonnenmasse bilden kann; ein solches Objekt hat dann einen Durchmesser von wenig mehr als 8 Kilometer.

Die Möglichkeit, daß Supernova-Explosionen die Elektronenflüssigkeit selbst dann zerstören können, wenn der Sternrest mit seiner Masse unter die Chandrasekhar-Grenze sinkt, deutet darauf hin, daß Supernovae immer zu einem Neutronenstern führen. Weiße Zwerge entstehen ja nur, wenn ein Stern, dessen Masse für eine Supernova zu klein ist, seine Endphase erreicht; wenn ein solcher Stern zusammenstürzt, entsteht allenfalls noch ein Planetarischer Nebel.

Der schweizerisch-amerikanische Astronom Fritz Zwicky (1898–1974) und der deutsch-amerikanische Astronom Walter Baade (1893–1960) waren die ersten, die um das Jahr 1934 über die Möglichkeit von Neutronensternen, die Entstehung und ihre Existenz, nachdachten. Einige Jahre später konnte der amerikanische Physiker J. Robert Oppenheimer (1904–1967) und einer seiner Studenten, George M. Volkoff, die Theorie über die Entstehung der Neutronensterne im Detail zusammenstellen. Doch dann brach der Zweite Weltkrieg aus, und die Wissenschaftler mußten sich anderen Aufgaben widmen. Oppenheimer beispielsweise leitete das Team, das die Atombombe entwickelte.

Unabhängig von den Fragen im Zusammenhang mit der Atombombe war das Interesse der Astronomen an diesen Neutronensternen nicht gerade sehr intensiv. Die ganze Geschichte erschien ihnen doch zu theoretisch. Sicher, man konnte genau berechnen, was in einer Supernova vorging; man konnte berechnen, auf welche Weise die überschüssige Materie weggeschleudert wird, mit welcher Geschwindigkeit der Zusammensturz ablaufen müsse und wann die Elektronenflüssigkeit zerstört würde, wann sich also das Neutronium bilden könne – doch waren es letztlich nur Zahlen auf dem Papier.

Wie würde man diese Theorie überprüfen können? Konnte man wirklich erwarten, daß man ein Objekt mit einem Durchmesser von 8 oder 15 Kilometer über eine Entfernung von vielen Lichtjahren würde beobachten können?

Selbst wenn ein Neutronenstern an seiner Oberfläche so hell wäre wie die hellsten Sterne, würde von dieser winzigen Oberfläche nur eine verschwindend geringe Lichtmenge ausgesendet. Selbst mit dem größten Teleskop könnte man in seiner Richtung allenfalls ein extrem lichtschwaches Pünktchen erkennen. Wie aber könnte man dann behaupten, es handele sich um einen Neutronenstern, der gerade noch nah genug ist, um ihn zu erkennen? Schließlich könnte es ja auch ein ganz normaler Stern sein, der eben so weit entfernt ist, daß man nicht mehr Licht von ihm empfängt.

Warum sollte man sich also um die Neutronensterne kümmern?! Nun, solange das Licht der einzige »Zugang« zum Himmel war, solange die Analyse des Sternenlichtes allein zu einer Aussage über die Objekte am Himmel reichen mußte, solange blieben die Neutronensterne tatsächlich unerreichbar. Im Laufe dieses Jahrhunderts erkannten die Astronomen aber allmählich, daß die Objekte am Himmel auch noch eine andere Strahlung aussenden. Vielleicht konnte man durch die Erforschung dieser anderen »Fenster zum Weltall« die Neutronensterne doch irgendwie erspähen.

Jenseits des Lichts

Bereits im Jahre 1911 konnte der österreichisch-amerikanische Physiker Victor Francis Hess (1883–1964) nachweisen, daß eine energiereiche Strahlung aus dem Kosmos bis zur Erde vordringt. Man nannte diese Strahlung entsprechend kosmische Strahlung.

Die kosmische Strahlung besteht aus sehr schnellen, elektrisch geladenen Atomkernen, die sehr wahrscheinlich von den ungezählten Supernovae stammen, die in unserer Milchstraße seit ihrer Entstehung explodiert sind. Aufgrund ihrer elektrischen Ladung werden sie im interstellaren Raum durch Magnetfelder von ihren ursprünglichen Bahnen abgelenkt und scheinen so schließlich aus allen Richtungen in das Sonnensystem einzudringen, so daß man nicht sagen kann, woher nun ein einzelnes Partikel dieser kosmischen Strahlung stammt. Für die Astronomen ist sie zwar nach wie vor von Interesse, aber in unserem Zusammenhang können wir von ihr aufgrund eben dieser »verschmierten« Richtungsverteilung keine Auskunft über die Position von Neutronensternen erhalten.

1931 entdeckte der amerikanische Radio-Ingenieur Karl Guthe Jansky (1905–1950) eine Mikrowellenstrahlung, die aus dem Weltraum auf die Erde trifft. Mikrowellen haben keine elektrische Ladung, werden also von Magnetfeldern in ihrer Richtung nicht beeinflußt, sondern breiten sich wie Licht gradlinig aus. Mikrowellen – der Name sagt es bereits – sind Wellen (oder Teilchen) wie das Licht, nur sind ihre Wellenlängen rund eine Million mal größer als die Lichtwellenlängen (die Photonen der Mikrowellenstrahlung sind also entsprechend energieärmer als Licht-Photonen). Trotzdem sprechen wir von *Mikro*wellen (wobei Mikro von dem griechischen Wort für klein stammt), weil sie zu der größeren Gruppe von Radiowellen gehören und innerhalb dieser Gruppe die kürzesten Wellenlängen besitzen.

Aufgrund der größeren Wellenlänge und der entsprechend energieärmeren Photonen im Vergleich zum Licht lassen sich Mikrowellen auch nicht so einfach nachweisen. Darüber hinaus kann man Strahlungsquellen um so schlechter lokalisieren, je größer die Wellenlänge der ausgesandten Strahlung ist. Man konnte daher die Mikrowellenquellen zunächst nicht mit hinreichender Genauigkeit am Himmel identifizieren, und so beschäftigte man sich zunächst nicht sehr mit ihnen. Die Mikrowellenstrahlung, die uns aus dem Weltall erreicht, machte deutlich, daß Sterne ihre Energie in Form von Strahlung aller Wellenlängen aussenden. Die Tatsache, daß wir sie nur im Bereich des sichtbaren Lichts und der Mikrowellen beobachten können, ist auf die Filterwirkung unserer Atmosphäre zurückzuführen; sie läßt andere Wellenlängen nicht bis zum Erdboden durchdringen, weder die Strahlung mit Wellenlängen kürzer als sichtbares Licht noch die mit Wellenlängen länger als Mikrowellen, aber auch nicht die im Bereich dazwischen.

In den frühen fünfziger Jahren wurden erstmals Raketen durch die Atmosphäre in den Bereich oberhalb der Lufthülle gestartet, um den Weltraum auch in den Wellenlängenbereichen zu beobachten und zu »vermessen«, die durch die Atmosphäre verschluckt werden. Raketen können aber immer nur für kurze Zeit oberhalb der Lufthülle verbleiben, ehe sie wieder zur Erdoberfläche zurückstürzen.

Eine entscheidende Verbesserung brachten dann die künstlichen Erdsatelliten, deren erster im Oktober 1957 von sowjetischen Raketentechnikern in eine Umlaufbahn um die Erde gebracht wurde. Diese Erdsatelliten können sich nahezu unbegrenzt lange in einer Erdumlaufbahn oberhalb der irdischen Lufthülle aufhalten, und sie können vor allem Meßgeräte zur Erforschung aller am Erdboden nicht zugänglichen Bereiche der elektromagnetischen Strahlung mitführen. Sie können Ultraviolettstrahlung ebenso empfangen wie die noch kürzere Röntgenstrahlung und die extrem kurzwellige Gammastrahlung.

Damit stieg die Hoffnung, auch jene Supernova-Reste am Himmel zu entdecken, denn solch stürmische Vorgänge wie eine Supernova-Explosion sind von extrem hohen Temperaturen begleitet, bei denen die Energie im wesentlichen in Form sehr kurzwelliger Strahlung ausgesandt wird. Jeder Stern emittiert sichtbares Licht, aber nur sehr heiße – und damit für unseren Zusammenhang interessante – Sterne senden zum Beispiel Röntgenstrahlung aus.

Unsere Sonne beispielsweise sendet im Bereich der heißen Korona ebenfalls Röntgenstrahlung aus. Die hohe Temperatur dort ist auf die extrem dünne Verteilung des Gases zurückzuführen: Die Energiemenge, die von der Sonnenoberfläche durch sogenannte Plasmawellen herangetragen wird, verteilt sich auf wenige Grad Gasatome und kann diese auf Temperaturen von einer Million und mehr gewissermaßen »überhitzen«.

Weil die Sonne so nah ist, erscheint sie uns als »hellste« Röntgenquelle am Himmel. Stünde sie dagegen so weit von uns entfernt wie der nächste Fixstern, also einige

Lichtjahre oder rund 300000mal weiter als jetzt, so würde die Röntgenstrahlung über diese Entfernung kaum mehr nachweisbar sein. Sirius etwa, der ja viel heller und heißer ist als unsere Sonne, sendet sicher weit mehr Röntgenstrahlung aus als diese. Doch Sirius ist fast neun Lichtjahre von uns entfernt, und über diese Strecke wird seine Röntgenstrahlung zu stark »verdünnt«.

Wenn man Röntgenstahlung von den Sternen auffangen könnte, ließen sich auf diese Weise die wirklich heißen Sterne leicht identifizieren. Doch zunächst glaubte keiner daran, daß dieser Nachweis einmal gelingen könnte. Anfang der sechziger Jahre hielten die Astronomen die Sonne für den einzigen Röntgenstrahler am Himmel. Allerdings war es denkbar, daß ein Teil der Röntgenstrahlung der Sonne vom Mond reflektiert würde und wir so etwas über die Zusammensetzung der Mondoberfläche erfahren könnten (damals waren die Astronauten ja noch nicht auf dem Erdtrabanten gelandet).

So begannen im Jahre 1963 unter der Leitung des amerikanischen Astronomen Herbert Friedman (1916–) Messungen oberhalb der Atmosphäre, um die mögliche Röntgenstrahlung vom Mond zu untersuchen. Man fand diese Röntgenreflexionen jedoch nicht, sondern stieß statt dessen auf Röntgenstrahlung aus anderen Richtungen. In den Jahren seither sind weitere Raketen und einige Satelliten gestartet worden, um einzelne Röntgenquellen zu erforschen und den ganzen Himmel nach solchen Strahlungsquellen abzusuchen. Inzwischen kennt man mehrere hundert dieser Röntgenstrahlungsquellen. Das brachte eine völlig neue »Dimension« ins Weltall: Eine Röntgenquelle, die über eine Entfernung bis hin zu den Sternen und – in vielen Fällen sogar – bis hin zu anderen Milchstraßen nachweisbar war, mußte wirklich ziemlich ungewöhnlich sein.

Nun stieg auch die Hoffnung, doch noch die lange nur theoretisch postulierten Neutronensterne nachweisen zu können. Ein solcher Neutronenstern ist schließlich in einem gewissen Sinne die »nackte« Kernregion eines Sternes. Theoretische Überlegungen kamen zu dem Ergebnis, daß ein Neutronenstern eine Oberflächentemperatur von vielleicht 10 Millionen Grad besitzen müsse.

Ein Neutronenstern mit einer derart hohen Oberflächentemperatur mußte folglich im wesentlichen Röntgenstrahlung aussenden. Es erhob sich also die Frage, ob ein Teil der nachgewiesenen Röntgenquellen am Himmel vielleicht solche Neutronensterne seien.

Es gibt aber auch noch andere Prozesse, bei denen Röntgenstrahlung ausgesendet wird. So könnte ein Teil der Röntgenstrahlung auch von den heißen Gaswolken stammen, die während einer Supernova weggeschleudert werden.

Beide Möglichkeiten kann man aber gut voneinander unterscheiden. Stammt die Röntgenstrahlung von einem Neutronenstern, so müßte die Quelle punktförmig erscheinen, während eine heiße, sich ausbreitende Gaswolke als »verschmierter« Fleck erkennbar wäre. Man mußte also herausfinden, ob die Röntgenstrahlung von einem Punkt am Himmel oder von einer kleinen Fläche ausging.

Ein erster Kandidat war der Crabnebel. Er stammt von einer verhältnismäßig jungen, heftigen Supernova, und irgendwo in seinem Innern könnte sich daher ein Neutronenstern verbergen. Aber es waren dort natürlich auch die Gase selbst, die sich bestimmt noch ziemlich turbulent verhielten, also heiß waren und ebenfalls Röntgenstrahlung aussenden konnten. Eine Röntgenstrahlung vom Crabnebel wäre also denkbar sowohl von einem unmöglichen Neutronenstern als auch von der Gaswolke – oder von beidem.

1964 zog der Mond genau vor dem Crabnebel her und deckte dabei die Röntgenstrahlung ab. Man hatte vorher überlegt, dieses Ereignis zur genauen Untersuchung der Röntgenquelle im Crabnebel zu nutzen. Käme die Strahlung von einem punktförmigen Neutronenstern, so müßte sie wie bei einer Sternbedeckung durch den Mond so lange ungeschwächt beobachtbar bleiben, bis der Neutronenstern plötzlich hinter dem Mondrand verschwände. Stammte sie dagegen von dem heißen Gas, so würde sie allmählich schwächer, je mehr der Mond den Crabnebel bedeckte. Ein allmählicher Abfall, gefolgt von einem plötzlichen Rückgang und einem anschließenden weiteren allmählichen Schwächerwerden der Strahlung schließlich wäre ein Beweis dafür, daß sie sowohl von der Gaswolke als auch von einem Neutronenstern stammen würde.

Kurz vor Beginn der Bedeckung wurde dann eine Rakete gestartet, um das zeitliche

Verhalten der Röntgenquelle während des Ereignisses zu messen. Es zeigte sich, daß die Intensität der Röntgenstrahlung mehr oder minder gleichmäßig abnahm, je weiter der Mond vorrückte. Die Strahlung schien also von der turbulenten Gaswolke zu stammen, und die Hoffnung der Astronomen, mit dieser Methode einen Neutronenstern nachweisen zu können, schwand dahin.

Pulsare

Inzwischen hatten die Astronomen ihr Interesse für die Radioastronomie entdeckt und die dazugehörige Meßtechnik innerhalb kurzer Zeit sehr weit vorangetrieben. Sie hatten große Antennen errichtet und konnten mit ihnen auch die Strahlungsquellen im Bereich der Mikrowellen mit großer Genauigkeit lokalisieren. Mit diesen Instrumenten hatten sie eine Menge an Daten gesammelt und daraus zahlreiche Rückschlüsse auf die Eigenschaften der Strahlungsquellen gezogen.
Anfang der sechziger Jahre fanden die Radioastronomen beispielsweise, daß manche Radioquellen ihre Intensität sehr rasch veränderten, gerade so, als würden sie »funkeln«. Also planten und bauten sie Radioteleskope, die geeignet waren, diese kurzzeitigen Veränderungen genauer zu analysieren. Eines dieser neuen Instrumente, das von Anthony Hewish (1924–) am Observatorium der Cambridge University konzipiert worden war, bestand aus 2048 einzelnen Antennen, die auf einer Fläche von 18000 Quadratmetern installiert waren.
Im Juli 1967 begann man mit einer ersten »Durchmusterung« des Himmels. Es dauerte nicht lange, da empfing eine junge Studentin, Jocelyn Bell, Radio-Pulse aus einer Gegend am Himmel zwischen den beiden hellen Sternen Wega (im Sternbild Leier) und Atair (im Sternbild Adler) – es waren sehr kurze, rasch aufeinanderfolgende Pulse. Zuerst suchte sie nach irdischen Störquellen. Zündfunken vorbeifahrender Autos oder auch Funken an der Bürste eines Elektromotors hätten dieses »Knistern« beispielsweise auslösen können. Doch Jocelyn Bell fand sehr bald heraus, daß die Strahlungsquelle ihre Position von Nacht zu Nacht mit den Sternen

veränderte. Es mußte sich also um eine Quelle außerhalb der Erde handeln, und so berichtete sie Anthony Hewish über ihre Ergebnisse.
Bis Ende November hatte man die Erscheinung genauer erforscht. Hewish hatte zwar kurzzeitige Schwankungen erwartet, aber nicht in derart kurzen Zeitabständen. Jeder der Pulse dauerte nur eine zwanzigstel Sekunde, und sie folgten im Abstand von eineindrittel Sekunden aufeinander. Sie kamen sogar mit einer ungeheuren Pünktlichkeit alle 1,33730109 Sekunden an.
Das neue Instrument konnte die Radio-Pulse ohne Schwierigkeit registrieren, weil jeder einzelne Puls energiereich genug war, um ein Signal auszulösen. Normale Radioteleskope dagegen waren für den Empfang derart kurzer Pulse nicht gerüstet; sie hatten immer nur die auffallende Energie über längere Zeiträume gespeichert und somit auch die »Aus«zeiten mitgemessen. Die Folge war eine gleichmäßige »Verschmierung« der Radioenergie auf die gesamte Meßzeit, und dieses »Durchschnitts-Signal« betrug nicht einmal vier Prozent der je Puls übermittelten Energie – es war im »Hintergrundrauschen« untergegangen.
Die Frage war nun: Was steckt dahinter? Da die Radioquelle am Himmel punktförmig erschien, glaubte Hewish, es müsse sich um einen Stern handeln. Aus den pulsförmigen Signalen schloß er auf einen pulsierenden Stern, im englischen Sprachbereich: pulsating star. Aus dieser englischen Bezeichnung entstand bald die Abkürzung Pulsar, und unter diesem Namen wurden die neuen Objekte dann bekannt.
Hewish suchte in den Aufzeichnungen früherer Meßreihen nach weiteren Objekten dieser Art und fand drei andere Pulsare. Nach einer Überprüfung dieser Objekte veröffentlichte er am 9. Februar 1968 die Entdeckung.
Sofort begannen die Astronomen an anderen Radio-Observatorien mit der Suche nach weiteren Pulsaren, und inzwischen kennen wir über dreihundert dieser Objekte; insgesamt mag es rund 100000 Pulsare allein in unserer Milchstraße geben.
Zweidrittel der nachgewiesenen Pulsare stehen in der Richtung von sternreichen Gebieten unserer Milchstraße. Für die Astronomen ist dies ein ausreichendes

Argument dafür, daß die entdeckten Pulsare allesamt zu unserer Milchstraße gehören. Natürlich gibt es keinen Grund anzunehmen, daß es in anderen Milchstraßen keine Pulsare gäbe, doch stehen sie dann zu weit weg, als daß wir noch Signale von ihnen empfangen könnten. Der nächstgelegene bekannte Pulsar dürfte etwa 300 Lichtjahre entfernt sein.

Alle Pulsare zeichnen sich durch ihre extrem gleichmäßig aufeinanderfolgenden Pulse aus. Dabei weichen die Pulsperioden der einzelnen Objekte natürlich voneinander ab. Die größte bislang gemessene Pulsperiode beträgt 3,75491 Sekunden. Der Pulsar mit der kürzesten derzeit gemessenen Periode wurde im Oktober 1968 von Radioastronomen am Green Bank Observatory in West Virginia (USA) gefunden. Er steht im Crabnebel und brachte somit die erste Verbindung zwischen Pulsar und Supernova. Seine Periode beträgt nur 0,033099 Sekunden. Er pulsiert rund 30mal pro Sekunde oder 113mal so schnell wie der langsamste Pulsar. Was aber kann derart kurze Lichtblitze mit einer solch fantastischen Regelmäßigkeit auslösen?

Hewish und seine Mitarbeiter waren zunächst so überrascht, daß sie sich fragten, ob sie eventuell Signale von anderen intelligenten Lebewesen im Weltraum empfangen hatten. Bevor der Name Pulsar geprägt war, sprachen sie immer von *LGM*, wenn sie sich über die Neu-Entdeckung unterhielten; und *LGM* stand für *little green men*, für »kleine grüne Männchen«.

Doch konnte sich diese Überlegung nicht lange halten. Um die Pulse zu produzieren, bedurfte es einer Energie, die irdische Energiequellen um das Zehnmilliardenfache übertraf. Es erschien ziemlich unwahrscheinlich, daß irgend jemand solch gewaltige Energien »verschwendete«, um durch Pulse auf sich aufmerksam zu machen; und irgendwelche Informationen schienen die Pulse offenbar nicht zu enthalten. Als dann immer mehr Pulsare entdeckt wurden, konnte sich die Überlegung gar nicht mehr halten, denn warum sollten so viele verschiedene Lebensformen alle ihre Signale ausgerechnet auf unsere Erde richten.

Irgend etwas aber mußte die Pulse ja auslösen, mußte einer beständigen Veränderung unterliegen. Das konnte eine Umdrehung um die eigene Achse sein, die

Bewegung um einen anderen Himmelskörper oder auch eine Pulsation, ein Größer- und Kleinerwerden also – nur mußte dieser Prozeß mit einer unvorstellbaren Geschwindigkeit ablaufen. Es bedürfte schon eines gewaltigen Schwerefeldes, um derart rasche Änderungen, verbunden mit dem Auswurf enormer Energiemengen, zu ermöglichen. Und so kamen zunächst die Weißen Zwerge in Verdacht.
Sofort begannen die Theoretiker mit ihren Rechnungen, doch es half alles nichts: Weder zwei Weiße Zwerge, die einander umkreisten, noch ein Weißer Zwerg, der sich um seine eigene Achse drehte, noch ein pulsierender Weißer Zwerg (den man sich ohnehin kaum vorstellen konnte) vermochten ihre Bewegungen so schnell auszuführen, daß sie für die Deutung der Pulsare in Frage kommen konnten. Kleine Weiße Zwerge mit einem starken Schwerefeld waren zwar vorstellbar, doch konnten sie nicht klein genug, beziehungsweise konnte ihr Schwerefeld nicht stark genug sein, um den »Anforderungen« eines Pulsars zu genügen. Sie würden auseinanderbrechen, wollten sie mit der notwendigen Geschwindigkeit umeinander kreisen, sich um sich selbst drehen oder pulsieren. Allenfalls Perioden von mehr als vier Sekunden hätte man mit Weißen Zwergen erklären können.
Man brauchte also etwas Kleineres, noch Dichteres als die Weißen Zwerge. Von Thomas Gold (1920–), einem in Österreich geborenen Astronomen, der heute an der Cornell University im US-Bundesstaat New York arbeitet, stammt die Idee, Pulsare könnten jene Neutronensterne sein, deren theoretische Existenz bereits vor Jahrzehnten von Oppenheimer durchdacht worden war. Gold wies darauf hin, daß ein Neutronenstern klein und dicht genug sei, um sich in weniger als vier Sekunden um seine Achse drehen zu können.
Darüber hinaus besitzt ein Neutronenstern ein Magnetfeld wie jeder andere Stern auch, doch es müßte zusammen mit der Materie stark verdichtet worden sein. Das Magnetfeld eines Neutronensternes wäre somit viel stärker als das Feld eines gewöhnlichen Sternes. Während ein Neutronenstern sich um seine Achse dreht, können Elektronen aus der Oberfläche austreten. Sie sind aber direkt dem Einfluß des starken Magnetfeldes ausgeliefert und können daher den Stern nur im Bereich der magnetischen Pole verlassen.

Nun brauchen diese Magnetfeldpole aber nicht mit den Rotationspolen des Neutronensterns zusammenzufallen. Auch bei unserer Erde weichen Magnetfeldachse und Rotationsachse voneinander ab. Während sich der Neutronenstern dann um seine Achse dreht, werden die Magnetfeldpole mit herumgeschleudert, und die Elektronen, die an diesen Stellen den Stern verlassen, werden »versprüht« wie Wasser, das aus einem Rasensprenger stammt. Das Magnetfeld und das Schwerefeld halten die Elektronen jedoch in ihrem Bann. Sie selbst können den Anziehungsbereich vielleicht gar nicht verlassen, doch senden sie Strahlung aus, die auch im Bereich der Radiowellen zu beobachten ist.
Jeder Neutronenstern hat nach diesem Modell zwei einander gegenüberliegende Zentren, von denen Radiostrahlung ausgesandt wird. Wenn nun ein solcher Neutronenstern gerade so rotiert, daß bei jeder Umdrehung einer der beiden Magnetfeldpole von der Erde aus »sichtbar« wird, dann werden wir jedesmal einen kurzen Radio-Impuls bei jeder Umdrehung beobachten können. Einige Astronomen schätzen, daß nur jeder hundertste Pulsar gerade so rotiert, daß seine Radiostrahlung wie der Lichtstrahl eines Leuchtturms über die Erde hinwegstreicht. Das aber würde bedeuten, daß wir von den etwa 100000 vermuteten Pulsaren nur rund 1000 werden entdecken können.
Gold wies weiter darauf hin, daß die Neutronensterne auf diese Weise über die Magnetpole Energie an den umgebenden Weltraum verlören, daß also die Rotationsgeschwindigkeit – die einzige Energieform, die ein Neutronenstern noch besitzt – abnehmen müsse, wenn seine Theorie stimmt. Eine rasche Rotationsdauer würde demnach auf einen jungen Pulsar hinweisen, eine langsame Pulsfolge dagegen auf immer ältere Objekte.
Der Pulsar mit der kürzesten bekannten Periode und den energiereichsten Impulsen ist der Crabnebel-Pulsar. Er könnte durchaus der jüngste Neutronenstern sein, den wir beobachten, liegt die ihm vorausgegangene Supernova-Explosion doch erst rund 925 Jahre zurück. Im Augenblick der Entstehung mag der Crabnebel-Pulsar sich tausendmal in jeder Sekunde um seine Achse gedreht haben, doch der Energievorrat ist sehr schnell verbraucht gewesen. Mehr als 97 Prozent der anfänglichen

Drehenergie sind inzwischen verlorengegangen, und so rotiert der Stern nur noch 30mal in der Sekunde. Und die Rotationsgeschwindigkeit müßte noch weiter abnehmen, allerdings immer langsamer.

Um diese Theorie zu überprüfen, wurde die Pulsperiode des Crabnebel-Pulsars sehr aufmerksam verfolgt. Dabei konnte man tatsächlich eine allmähliche Zunahme der Periodendauer beobachten; sie liegt bei 36,48 Milliardstel Sekunden pro Tag. Bliebe diese Zuwachsrate konstant, so würde sich die Rotationsdauer im Laufe der nächsten 1200 Jahre verdoppeln. Die gleiche Erscheinung konnte auch bei anderen Pulsaren nachgewiesen werden, die sich bereits langsamer drehen; bei ihnen ist die Abnahme der Rotationsgeschwindigkeit deutlich langsamer als beim Crabnebel-Pulsar. Der zuerst entdeckte Pulsar – er trägt die Bezeichnung CP 1919 – hat eine vierzigmal langsamere Pulsfolge als der Crabnebel-Pulsar, und seine momentane Abbremsung führt erst in 16 Millionen Jahren zu einer Verdoppelung der Periodenlänge. Je langsamer ein Pulsar wird, desto energieärmer wird auch die von ihm ausgesandte Strahlung. Wenn erst einmal eine Pulsdauer von mehr als vier Sekunden erreicht ist, sinkt die abgegebene Energie unter die Nachweisgrenze. Trotzdem haben Pulsare eine »Lebensdauer« von einigen zehn Millionen Jahren.

Aufgrund all dieser Untersuchungen glauben die Astronomen heute, daß sie in den Pulsaren wirklich die langgesuchten Neutronensterne gefunden haben.

Gelegentlich kann ein Pulsar seine Rotation aber auch plötzlich geringfügig beschleunigen, setzt dann aber die normale Verlangsamung fort. Dies konnte zum ersten Mal im Februar 1969 beim Vela-X-Pulsar beobachtet werden, der als Überrest einer Supernova angesehen wird, die vor rund 15 000 Jahren aufblitzte. Diese plötzliche Veränderung wurde *glitch* genannt nach einem jiddischen Wort für gleiten; folglich hielt der Begriff glitch Einzug in das wissenschaftliche Vokabular. Glitches, so vermuten einige Wissenschaftler, sind das Ergebnis eines Sternbebens. Dabei verändert sich die Anordnung der Masse innerhalb des Neutronensternes geringfügig, und der Durchmesser schrumpft um einige Millimeter. Vielleicht ist aber auch ein großer Meteorit auf den Neutronenstern gestürzt und hat dessen Drehbewegung durch den Aufprall etwas beschleunigt.

Die Elektronen, die aus einem Neutronenstern heraustreten, strahlen natürlich nicht nur Radiostrahlung ab. Sie sollten, wenn sie genügend energiereich sind, auch Röntgenstrahlung aussenden können. Vom Crabnebel-Pulsar empfangen wir beispielsweise auch Röntgenpulse. Rund 10 bis 15 Prozent der Röntgenstrahlung, die wir beim Crabnebel beobachten, stammen von dem Neutronenstern. Die restlichen 85 bis 90 Prozent werden von den heißen Gasmassen ausgesandt; sie überstrahlen natürlich den Pulsar, und so suchten die Astronomen 1964 noch vergeblich nach einem Neutronenstern im Crabnebel.
Ein Neutronenstern sollte sogar auch Licht»blitze« aussenden. Im Januar 1969 fand man, daß ein schwaches Sternchen der sechzehnten Größenklasse im Crabnebel mit genau dem gleichen zeitlichen Abstand aufblitzt wie die Radiopulse. Die Lichtblitze und die »Dunkelzeiten« dazwischen sind so kurz, daß sie nur mit Hilfe einer besonderen Meßvorrichtung sichtbar gemacht werden können. Unter normalen Beobachtungsbedingungen erscheint der Stern gleichmäßig leuchtend. Der Crabnebel-Pulsar war der erste, bei dem man auch die optischen Pulse nachweisen konnte. Er war auch lange Zeit hindurch der einzige *optische* Pulsar. Erst im Januar 1977 konnten auch beim Vela-X-Pulsar optische Lichtblitze nachgewiesen werden.

Eigenschaften der Neutronensterne

Die Astronomen haben längst versucht, den inneren Aufbau eines Neutronensternes theoretisch zu erfassen. Die eigentliche Oberfläche dürfte eine dünne »Haut« aus normalem Eisen sein. Denkbar wäre sogar eine extrem dünne Atmosphäre aus gasförmigem Eisen, wenige Millimeter dick. Außerdem rechnet man mit elektrisch geladenen Teilchen wie Elektronen und Atomkernen«, die durch das starke Magnetfeld gefesselt sind. Diese Teilchen, und dabei vornehmlich die Elektronen, werden an den Magnetfeldpolen »ausgespuckt«, sie produzieren dann die Strahlung, die auf der Erde beobachtet werden kann.
Unterhalb dieser Eisenhaut vermuten die Astronomen eine Schicht dichtgepackter

Eisenatomkerne, die sich wie ein fester Körper verhält, obwohl die Schicht eine Temperatur von einigen Millionen Grad aufweist. Die obere Grenze dieser Kruste hat eine mittlere Dichte von »nur« 100 Kilogramm pro Kubikzentimeter, doch nimmt die Dichte nach innen sehr rasch zu.

Diese Kruste, die billionenfach fester und härter als Stahl ist und die vielleicht »Berge« von Zentimeterhöhe hat, wird von den gelegentlichen Sternbeben erschüttert. Umstrukturierungen in dieser Kruste sorgen für die glitches, die mit einer geringfügigen Beschleunigung der Rotation einhergehen.

Unter der Kruste nimmt die Dichte weiter zu, und Atomkerne können dort nicht mehr in der uns bekannten Form existieren. Hier finden wir das Neutronium, eine Masse aus elektrisch neutralen Teilchen. Im Kernbereich eines Neutronensterns können sogar noch schwerere Teilchen vorkommen, sogenannte *Hyperonen.**

Eine wichtige Eigenschaft eines Neutronensterns ist seine Masse. 1975 konnte zum ersten Mal die Masse eines Neutronensterns bestimmt werden: Der Vela-X-Pulsar hat 1,5 Sonnenmassen. Damit liegt er etwas oberhalb der Chandrasekhar-Grenze. Ein Weißer Zwerg hätte nicht so massiv sein können, wohl aber können wir uns Neutronensterne mit einer Masse unterhalb der Chandrasekhar-Grenze vorstellen.

Die Masse des Vela-X-Pulsars konnte nur bestimmt werden, weil der Neutronenstern Partner eines Doppelsternsystems ist. Sein »Hauptstern« ist ein massereicher Stern der Hauptreihe, der vielleicht eine dreißigfache Sonnenmasse besitzt. Ohne Zweifel können also enge Doppelsterne auch zu Neutronensternen werden, wenn sie nur genügend Masse besitzen, ebenso wie weniger massereiche Sterne durch Masseaustausch zu einem Paar von Weißen Zwergen werden können.

Vela X muß ursprünglich der hellere der beiden Sterne gewesen sein. Als er vor 15 000 Jahren zur Supernova wurde, hat sein Begleiter einen Teil der ausgestoßenen Masse aufgesogen und ist dadurch heller und kurzlebiger geworden. Vielleicht wird

* Hyperonen, extrem schwere Kernteilchen, können im Laboratorium erzeugt werden; unter irdischen Bedindungen zerfallen sie jedoch in weniger als einer Milliardstel Sekunde.

er innerhalb der nächsten Million Jahre ebenfalls als Supernova aufblitzen, und dann bleiben zwei Neutronensterne übrig, die um ihren gemeinsamen Schwerpunkt kreisen. Der Vela-X-Pulsar als Partner eines Doppelsternsystems ist der Beweis dafür, daß die Supernova-Explosion eines Sterns von seinem Begleiter »überlebt« werden kann.

Der Masseaustausch der beiden Sterne untereinander, hervorgerufen durch die Ausdehnung jeweils eines der beiden Sterne, führt zu einer Umwandlung von Gravitationsenergie in Strahlung, zumindest dann, wenn ein Weißer Zwerg oder ein Neutronenstern mit seinem starken Schwerefeld beteiligt ist. Auf diese Weise können bis zu 40 Prozent der Masse in Energie umgesetzt werden – dieser Prozeß ist also mehr als 100mal effektiver als die Energieproduktion bei der Kernfusion. Auch dadurch wird verständlich, warum Novae und Supernovae derart helleuchtende Erscheinungen sind.

Als nächstes wollen wir einige der Eigenschaften des Schwerefeldes bei einem Neutronenstern kennenlernen. Der Einfachheit halber nehmen wir dazu an, wir hätten einen Neutronenstern mit genau einer Sonnenmasse, dessen Durchmesser jedoch nur 14 Kilometer beträgt, also hunderttausendmal kleiner ist als der Sonnendurchmesser. Seine mittlere Dichte beträgt dann 1,4 Milliarden Tonnen pro Kubikzentimeter.

Erinnern wir uns zunächst noch einmal an die Verhältnisse auf unserer Sonne. Ihre Oberflächenschwerkraft ist rund 28mal so stark wie die der Erde. Ein Mensch, der auf unserem Planeten 70 Kilogramm »auf die Waage bringt«, würde auf der Sonne fast zwei Tonnen wiegen (vorausgesetzt, es gäbe eine Sonnenoberfläche im »irdischen« Sinne, und man könnte dort überleben).

Wenn wir einen solchen Massekörper wie die Sonne verdichten, rückt jedes Objekt an der Oberfläche näher zum Zentrum. Nach dem Newtonschen Gravitationsgesetz nimmt die Oberflächenschwerkraft umgekehrt zum Quadrat des Abstandes zu. Schrumpft der Durchmesser auf die Hälfte, also um den Faktor 2, dann wächst die Oberflächenschwerkraft um den Faktor »2 Quadrat« oder 2 × 2, sie wird also viermal stärker als am Anfang sein. Wird der Stern auf ein Sechstel seiner ursprüng-

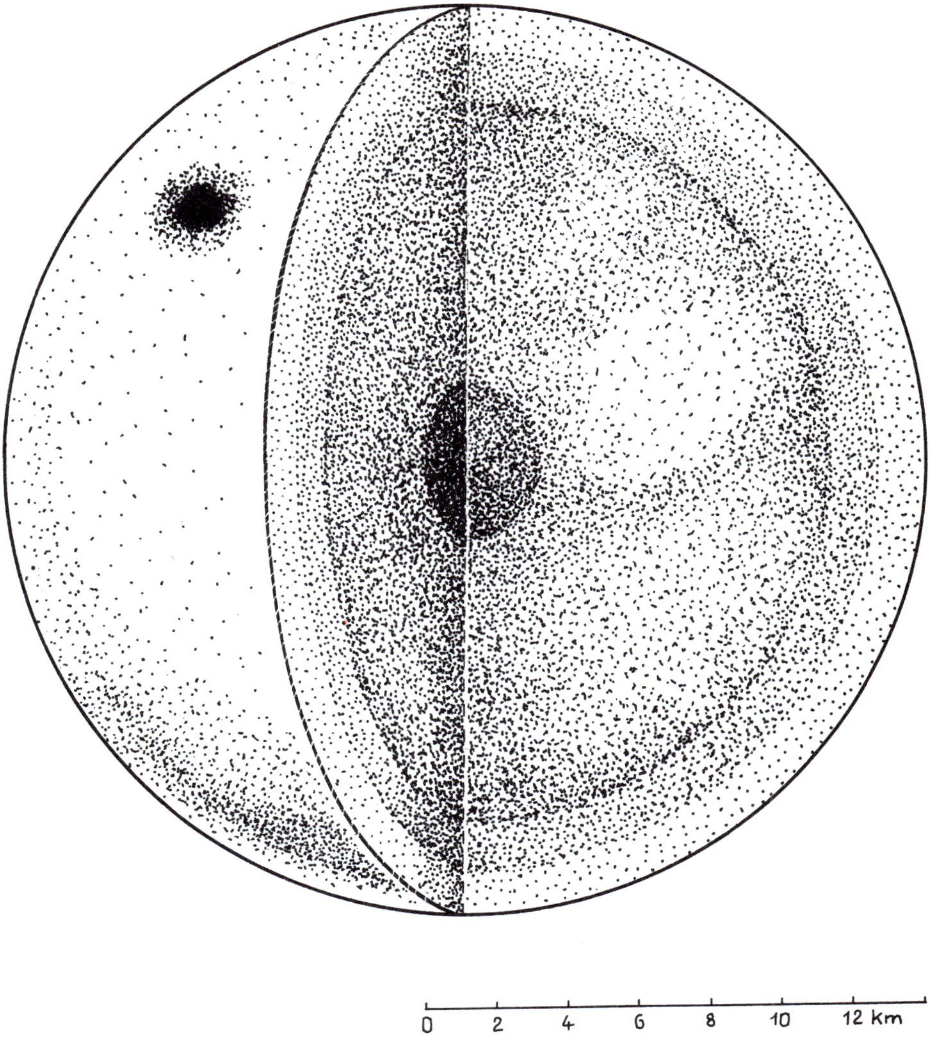

Ein Neutronenstern ist wie ein gewaltiger, überdimensionaler Atomkern. Bei seiner Entstehung aus einem normalen Stern werden alle Bestandteile der Atome durch Zusammenlagerung in Neutronen umgewandelt – man spricht daher auch von »Neutronium«, einem riesigen Tropfen aus »Neutronenflüssigkeit«. Trotzdem besitzt ein Neutronenstern ein starkes Magnetfeld, dessen Austrittspunkte an der Oberfläche möglicherweise Zentren unvorstellbarer Aktivität sind, gegen die Sonnenflecken erblassen. Wenn Neutronensterne als Partner eines Doppelsternsystems Materie ihres Sternpartners aufsaugen, stürzt diese längs der Magnetfeldlinien auf die Magnetpolgebiete und heizt dabei diese Regionen auf viele Millionen Grad auf.

lichen Größe zusammengepreßt, so steigt die Oberflächenschwerkraft um den Faktor »6 Quadrat« oder 6 × 6, also auf das Sechsunddreißigfache.
Sirius B enthält annähernd die Masse der Sonne, ist aber dreißigmal kleiner als diese. Entsprechend ist seine Oberflächenschwerkraft um den Faktor »30 Quadrat« oder 30 × 30 größer als die der Sonne. Auf Sirius B würde unsere 70-Kilogramm-Testperson bereits 1800 Tonnen wiegen.
Der Neutronenstern mit der Masse der Sonne, aber einem Hunderttausendstel ihres Durchmessers, muß dann eine Oberflächenschwerkraft von »100000 Quadrat« oder 100000 × 100 000 besitzen im Vergleich zur Sonne. Auf einem solchen Stern würde die Testperson fast 20 Milliarden Tonnen wiegen.
Und wie steht es um die Rotationsgeschwindigkeit?
Unsere Erde rotiert einmal pro Tag. Bei einem Umfang von rund 40000 Kilometern bedeutet dies, daß der Erdäquator sich mit einer Geschwindigkeit von rund 465 Meter pro Sekunde weiterdreht. Je weiter man sich vom Äquator nach Norden oder Süden entfernt, desto geringer wird diese Rotationsgeschwindigkeit, und an den Polen selbst ist sie gleich Null.
Eine Drehbewegung ruft eine Zentrifugalkraft hervor, die der Schwerkraft entgegenwirkt. Diese Fliehkraft nimmt mit der Drehgeschwindigkeit zu, sie ist also an den Polen nicht wirksam und erreicht ihr Maximum am Äquator. Die Zentrifugalkraft zerrt an der Massenverteilung – sie möchte die Masse von der Rotationsachse wegziehen. Am stärksten ist dieser »Zug-Effekt« am Äquator, und er führt zu einem äquatorialen »Buckel«. Er ist nicht besonders ausgeprägt, aber man kann seine Größe messen. Der Äquatordurchmesser ist 43 Kilometer länger als der Durchmesser von Pol zu Pol. Das sind etwa 3,3 Promille; dies nennt man die *Abplattung* der Erde.
Bei Jupiter sind die Effekte der Fliehkraft schon deutlicher zu erkennen. Jupiter, der größte Planet im Sonnensystem, hat einen Äquatorumfang von fast 450000 Kilometern und dreht sich in 9,85 Stunden. Ein Punkt auf dem Jupiteräquator bewegt sich daher mit einer Geschwindigkeit von rund 12,7 Kilometer pro Sekunde, mehr als 27mal schneller als ein Punkt am Erdäquator.

Trotz des gewaltigen Schwerefeldes des Jupiter sorgt diese enorme Drehgeschwindigkeit für eine starke Abplattung des Planeten; der Effekt wird noch begünstigt durch die Tatsache, daß Jupiter aus leichteren Elementen besteht, die nicht so dicht gepackt sind wie das Material der Erde. Jupiters Äquatordurchmesser ist rund 7300 Kilometer länger als der Poldurchmesser. Seine Abplattung beträgt fast fünf Prozent. Saturn ist sogar noch stärker abgeplattet (11 Prozent), obwohl er langsamer um seine Achse rotiert. Doch ist auch sein Schwerefeld schwächer als das des Jupiter; er kann der Fliehkraft also weniger widerstehen.

Im Vergleich dazu nun die Sonne. Sie hat einen Umfang von 4373000 Kilometern und dreht sich am Äquator in 25,04 Tagen einmal um ihre Achse. Daraus ergibt sich eine Drehgeschwindigkeit am Äquator von etwas über zwei Kilometer pro Sekunde, viermal schneller als am Erdäquator, aber sechsmal langsamer als beim Jupiter. Aufgrund des starken Schwerefeldes der Sonne führt diese vergleichsweise langsame Geschwindigkeit zu keiner nennenswerten Abplattung. So weit wir das mit der uns zur Verfügung stehenden Meßgenauigkeit sagen können, erscheint die Sonne als vollkommene Kugel.

Wir wissen nichts über die Rotation von Sirius B oder eines der anderen Weißen Zwerge, aber wir kennen die typische Rotationsdauer eines Neutronensterns: Sie liegt bei einer Sekunde. Wenn unser 14 Kilometer großer Neutronenstern sich einmal in jeder Sekunde um seine Achse dreht, dann bewegt sich ein Punkt auf dem Äquator mit einer Geschwindigkeit von fast 44 Kilometern pro Sekunde weiter. Das ist dreieinhalbmal schneller als bei Jupiter, fast 22mal schneller als auf der Sonne und etwa 95mal so schnell wie am Erdäquator. Trotzdem wird diese im Vergleich zu den Verhältnissen im Sonnensystem enorme Drehgeschwindigkeit nicht ausreichen, um gegen das unvorstellbar starke Schwerefeld des Neutronensternes auch nur einen Millimeter ankämpfen zu können. Die Fliehkaft ist gegen die Anziehungskraft des Neutronensternes machtlos, und so ist auch ein Neutronenstern eine absolut vollkommene Kugel. Von einem Weißen Zwerg dürfen wir übrigens getrost das gleiche annehmen, da auch bei ihm das Schwerefeld schon unüberwindbar sein dürfte.

Wenn die Zentrifugalkraft nicht ausreicht, um Weiße Zwerge oder Neutronensterne abzuplatten, dann haben diese Objekte sicher eine sehr große Entweichgeschwindigkeit.
Wir hatten gesehen, daß diese Entweichgeschwindigkeit umgekehrt zur Quadratwurzel des Abstandes zunimmt. Wird ein Stern auf ein Viertel seiner ursprünglichen Größe verdichtet, so wächst die Entweichgeschwindigkeit an seiner Oberfläche um den Faktor 2, denn 2 ist die Quadratwurzel aus 4.
Daraus können wir berechnen, daß Sirius B aufgrund seines um den Faktor 30 kleineren Durchmessers trotz der Sonnenmasse, die er enthält, eine 5,5mal größere Entweichgeschwindigkeit haben muß als die Sonne. Da jedes Objekt, das von der Sonnenoberfläche aus den Anziehungsbereich der Sonne verlassen will, eine Geschwindigkeit von 617 Kilometern pro Sekunde benötigt, liegt die Entweichgeschwindigkeit von der Oberfläche des Sirius B bei rund 3400 Kilometer pro Sekunde.
Bei unserem Neutronenstern sind die Verhältnisse noch anders. Auch er enthält ja eine Sonnenmasse, doch sein Durchmesser beträgt nur noch 14 Kilometer, ist also hunderttausendmal kleiner als der Sonnendurchmesser. Seine Entweichgeschwindigkeit ist demnach um die Quadratwurzel aus 100000 größer als die Entweichgeschwindigkeit von der Sonnenoberfläche. Die Quadratwurzel aus 100000 ist aber 316, so daß ein Objekt, das den Neutronenstern verlassen will, immerhin fast 200000 Kilometer pro Sekunde »schnell« sein muß.
Diese Zahlenwerte sind für unser Thema von großer Bedeutung, denn sie sind weitere Meilensteine auf dem Weg zu den Schwarzen Löchern. Wir wollen sie daher in Tabelle 12 noch einmal zusammenfassen.

Tabelle 12: Entweichgeschwindigkeiten

	Entweichgeschwindigkeit	
Objekt	*Kilometer pro Sekunde*	*Bruchteil der Lichtgeschwindigkeit*
Erde	11,2	0,000037
Jupiter	60,5	0,000201
Sonne	617	0,002
Sirius B	3400	0,011
Neutronenstern	200000	0,67

Für Himmelskörper, die »normale« Materie enthalten, sind die Entweichgeschwindigkeiten winzig im Vergleich zur Lichtgeschwindigkeit. Selbst bei der Sonne finden wir lediglich zwei Promille dieser Größe. Bei einem Weißen Zwerg sind es immerhin schon ein Prozent der Lichtgeschwindigkeit, und das Licht verliert entsprechend schon einen meßbaren Anteil seiner Energie. Wir erinnern uns, daß dieser Energieverlust, der zu einer Gravitationsrotverschiebung führt, die Bestimmung der Dichte eines Weißen Zwerges ermöglichte.

Bei einem Neutronenstern, dessen Entweichgeschwindigkeit schon 67 Prozent der Lichtgeschwindigkeit erreicht, muß die Gravitationsrotverschiebung noch größer sein. Wir erhalten zwar kurzwellige Röntgenstrahlung von einem Neutronenstern, doch ohne den Einfluß des starken Schwerefeldes wären die Wellenlängen der Röntgenstrahlung noch kürzer. Und was die längerwellige Strahlung angeht, das sichtbare Licht, und die noch »längeren« Radiowellen, so würde ein Großteil davon gar nicht existieren, gäbe es nicht die Rotverschiebung durch das Schwerefeld des Neutronensterns.

Gezeiteneffekte

Es gibt noch eine andere Auswirkung der Schwerkraft, die wir an der Erdoberfläche zwar vernachlässigen können, die aber in der Umgebung eines Neutronensterns große Bedeutung erlangt. Es sind dies die sogenannten *Gezeiteneffekte*.

Die Stärke der Anziehung zwischen zwei Objekten mit vorgegebener Masse hängt vom gegenseitigen Abstand ihrer Schwerpunkte ab. Wenn man z.B. auf der Erdoberfläche steht, hängt die Stärke der Erdanziehung vom Abstand zum Erdmittelpunkt ab.

Aber nicht der ganze Körper ist gleich weit vom Mittelpunkt der Erde entfernt. Wenn man steht, sind die Füße fast zwei Meter näher am Erdzentrum als der Kopf. Die Füße werden also – wenn auch unmeßbar – stärker angezogen als der Kopf, da die Anziehungskraft ja zunimmt, wenn der Abstand kleiner wird. Dieser Unterschied in der Anziehung auf die beiden Enden eines Körpers wird Gezeiteneffekt genannt.

Unter normalen Umständen sind die Gezeiteneffekte nicht groß. Betrachten wir einmal einen zwei Meter großen Menschen, der 90 Kilogramm wiegt. Wenn er auf einer geografischen Breite von 38 Grad in Seehöhe steht, ist er genau 6370000 Meter vom Erdmittelpunkt entfernt, das heißt, dies ist der Abstand der Fußsohlen zum Zentrum der Erde: Die Kopfspitze ist dagegen 6370002 Meter vom Mittelpunkt der Erde entfernt.

Entsprechend unterscheidet sich die Anziehungskraft auf die Schädeldecke um den Faktor $(6370000/6370002)^2$ von der Kraft, die an den Fußsohlen zerrt; die Fußsohlen werden also 1,000000628mal stärker angezogen als die Haarspitzen. Dieser Effekt würde auch erreicht, wenn der Mensch auf einer »Folterbank« läge und an seinen Füßen ein Gewicht von 0,000056 Kilogramm »zerrte« – etwas mehr als drei Wassertropfen. Eine solche Belastung geht natürlich im Sog der Schwerkraft unter, sie ist nicht spürbar. Gezeiteneffekte der Erdschwere auf unseren Körper können wir also getrost vernachlässigen.

Anders wird es, wenn der betroffene Körper größer ist, wenn also der Unterschied in der Anziehung auf die beiden gegenüberliegenden Seiten größer wird. Betrachten wir dazu einmal den Mond.

Der Mond hat einen Durchmesser von 3476 Kilometern, und sein Mittelpunkt ist im Schnitt etwa 384400 Kilometer vom Erdmittelpunkt entfernt. Wenn wir einmal die Entfernungsschwankungen im Laufe eines Monats vernachlässigen, dann ist der

uns zugewandte Punkt der Mondoberfläche 382663 Kilometer vom Erdmittelpunkt entfernt, während die gegenüberliegende Seite entsprechend 386138 Kilometer weit vom Zentrum der Erde weg ist.
Die Anziehungskraft auf die zugewandte Seite des Mondes ist demnach um den Faktor 1,018 größer als die auf die abgewandte Seite.
Könnte man den Mond auf eine »Waagschale« legen, auf eine Plattform, die im Mittelpunkt der Erde verankert wäre und 384400 Kilometer weit »hinausreichte«, dann würde die Anziehungskraft der Erde auf den Mond zu einem Gewicht von 20 Billiarden Tonnen führen.
Wäre die gesamte Mondmasse im Punkt seiner geringsten Entfernung vereint, so wöge der Mond 366 Billionen Tonnen mehr, als wenn die Masse sich auf den am weitesten von der Erde entfernten Punkt seiner Oberfläche konzentrieren würde. Entsprechend wird der Mond mit einer Kraft in Richtung Erde auseinandergezerrt, die dem Gewicht von 366 Billionen Tonnen entspricht. Die Folge ist eine – wenn auch kleine – Ausbuchtung in Richtung Erde. Der Monddurchmesser – gemessen vom erdzugewandten zum erdabgewandten Punkt – ist etwas größer als der Durchmesser vom »rechten« bis zum »linken« Mondrand. Man kann dies natürlich auch in der anderen Richtung betrachten, denn der Mond zieht ja andererseits auch die Erde an, und zwar auf der mondzugewandten Seite stärker als auf der mondabgewandten Seite. Und weil die Erde größer ist als der Mond, ist der Unterschied in der Anziehung auf die beiden gegenüberliegenden Seiten der Erde größer; dies für sich genommen würde zu einem stärkeren Gezeiteneffekt führen. Andererseits ist der Mond selbst kleiner als die Erde und hat ein entsprechend schwächeres Gravitationsfeld; dies für sich betrachtet führt zu einer Verringerung des Gezeiteneffekts.
Beides zusammen bewirkt, daß die Gezeitenwirkung des Mondes auf die Erde absolut gesehen kleiner ist als umgekehrt. Das schwächere Gravitationsfeld ist dafür verantwortlich; es allein würde zu einer Gezeitenkraft führen, die entsprechend dem Massenunterschied um den Faktor 81,3 kleiner ist als die Gezeitenkraft der Erde auf den Mond. Aufgrund des größeren Erddurchmessers wird die Gezeiten-

kraft etwas verstärkt, auf etwa ein Siebzigstel des Einflusses der Erde auf den Mond.

Man kann diese Gezeitenkraft des Mondes auf der Erde direkt beobachten. Die Wasser der Ozeane geben um etwa einen Meter nach, während sich das festere Gestein um etwa 30 Zentimeter in Richtung Mond verformt.

Entsprechend große »Buckel« treten daher auf der mondzugewandten und der mondabgewandten Seite der Erde in Erscheinung. Die Erddrehung führt dazu, daß sich die Landmassen in diese »Buckel« hineindrehen und wieder herausbewegen. Als Folge davon steigt der Meeresspiegel zweimal am Tag an und sinkt wieder ab. Diese zweimal tägliche Auf- und Abbewegung des Meeresspiegels wird die Gezeitenbewegung des Meeres genannt, und daher rührt auch der Begriff Gezeiteneffekt.

Die Auswirkungen des Gezeiteneffekts sind bei Körpern wie der Erde oder dem Mond klein im Verhältnis zur wirksamen Schwerkraft, doch sie summieren sich mit der Zeit. Jedesmal, wenn die Erde sich mit einer Landmasse in einen der beiden Flutberge hineindreht, ist eine Zunahme der Reibung des Wassers am Meeresboden der flachen Ufergewässer zu beobachten. Ein Teil der Rotationsenergie der Erde wird dabei in Wärme umgewandelt. Die Folge davon ist eine allmähliche Abbremsung der Erdrotation und eine entsprechende Zunahme der Tageslänge. In jeweils rund 100000 Jahren wird der Tag um eine Sekunde länger. Das hört sich zwar nicht nach sehr viel an, aber wenn die Abbremsung während der viereinhalb Milliarden Jahre seit der Entstehung der Erde konstant geblieben wäre, dann hätte sie fast zu einer Verdopplung der ursprünglichen Rotationsdauer gereicht.

Die Erde kann aber keinen Drehimpuls verlieren (eine Größe, die von der Drehgeschwindigkeit abhängig ist), ohne daß dieser irgendwoanders im System Erde–Mond wiederauftaucht. Der Mond gewinnt also an Drehimpuls und entfernt sich langsam immer weiter von der Erde; mit größer werdendem Abstand zum Mittelpunkt des Drehzentrums wächst nämlich der Drehimpuls auch.

Andererseits hat die Gezeitenkraft der Erde die Rotation des Mondes bereits so weit abgebremst, daß der Mond der Erde immer die gleiche Seite zuwendet.

Wie die Gravitation selbst nimmt auch die Gezeitenkraft mit dem Abstand zwischen den betroffenen Körpern ab, allerdings auf eine etwas andere Weise. Nehmen wir einmal an, Erde und Mond würden sich langsam gegenseitig näher kommen. Die gesamte gegenseitige Anziehungskraft würde mit schrumpfendem Abstand zunehmen, und zwar umgekehrt zum Quadrat des Abstandes. Stünden Mond und Erde nur halb so weit voneinander entfernt wie jetzt, so wäre ihre gegenseitige Anziehungskaft um den Faktor »2 Quadrat«, also viermal, größer als jetzt; bei einer Reduzierung des Abstands um den Faktor drei wüchse die Anziehungskraft um den Faktor »3 Quadrat« oder um das Neunfache, und so weiter. Der Gezeiteneffekt nimmt natürlich zu, wenn die gegenseitige Anziehung wächst. Er nimmt aber auch noch aus einem anderen Grund zu.

Er hängt nämlich von der Größe des Objekts ab, das dem Schwerefeld ausgesetzt ist. Je größer der Körper, desto stärker ist auch der Gezeiteneffekt. Aber es ist nicht einfach die Größe des Objektes entscheidend, sondern das Verhältnis zwischen der Größe des Körpers und seinem Abstand zum Zentrum des Schwerefeldes.

Zur Zeit ist der Abstand zwischen Mond und Erde rund 110mal größer als der Durchmesser des Mondes. Würde der Abstand halbiert, so verkleinerte sich das Verhältnis auf 55 zu 1. Mit anderen Worten: Wenn der Abstand zwischen zwei Körpern schrumpft, vergrößert sich der Gezeiteneffekt abhängig von dieser Verringerung des Abstands, weil der Durchmesser des Mondes im Verhältnis zur Entfernung zwischen Erde und Mond immer größer wird.

Es gibt also zwei Faktoren, die eine Steigerung des Gezeiteneffekts auslösen; einer von ihnen wächst umgekehrt zum Quadrat des Abstands, der andere umgekehrt zum Abstand. Wenn man also den Abstand zwischen Erde und Mond halbiert, so nimmt der Gezeiteneffekt um »2 Quadrat« zu, weil die Anziehungskraft entsprechend ansteigt, und er wächst noch einmal um den Faktor zwei, weil das Verhältnis zwischen Monddurchmesser und Mondentfernung so gestiegen ist. Insgesamt nimmt der Gezeiteneffekt also um den Faktor $2 \times 2 \times 2$ oder 2^3 zu, also um acht. Man sagt auch, der Gezeiteneffekt verändert sich umgekehrt zum Kubus des Abstands.

Vergrößert man den Abstand zwischen zwei Körpern um den Faktor 3, so geht der Gezeiteneffekt auf $1/3 \times 1/3 \times 1/3$ oder $1/27$ des ursprünglichen Wertes zurück. Umgekehrt steigt er natürlich bei einer Verkleinerung des Abstands um den Faktor 3 auf das 27fache des Ausgangswertes.

Wenn Erde und Mond sich in unserem Gedankenspiel also immer näherkämen, so würde der Gezeiteneffekt stetig und immer schneller wachsen; unabhängig vom jeweiligen Abstand wäre dabei der Gezeiteneffekt der Erde auf den Mond immer rund 70mal größer als umgekehrt.

Bei fortschreitender Annäherung würde ein Punkt erreicht, an dem die Wirkung der Gezeitenkraft so stark würde, daß sie den Mond zerreißen müßte. Zum gleichen Zeitpunkt wäre die Gezeitenwirkung des Mondes auf die Erde zwar auch schon ziemlich groß – gewaltige Flutberge würden alles auf den Kontinenten verwüsten –, doch bliebe die Erde in ihrem Aufbau stabil, da die Gezeitenwirkung ja um den Faktor 70 kleiner ist.

Im Jahre 1849 konnte der französische Mathematiker Edouard A. Roche (1820–1883) zeigen, daß ein Satellit, der lediglich durch seine eigene Schwerkraft zusammengehalten wird, zerrissen wird, wenn der Abstand zwischen Satellit und Planet unter das 2,44fache des Planetendurchmessers sinkt. Dieser Mindestabstand wird *Rochesche Grenze* genannt. Ein Satellit, der zusätzlich noch durch elektromagnetische Kräfte zusammengehalten wird – ein fester Körper also wie unser Mond –, kann »seinem« Planeten noch etwas näher kommen, ehe dessen Gezeitenkräfte ihn zerstören.

Der Äquatorradius der Erde beträgt 6378,140 Kilometer, so daß die Rochesche Grenze der Erde bei einer Entfernung von rund 15 550 Kilometer liegt. Dies ist etwa $1/25$ der derzeitigen Mondentfernung. Käme der Mond je so nahe an die Erde heran, so würde er zerbrechen, und seine Bestandteile müßten sich auf eine Bahn um die Erde verteilen. Es entstünden Ringe wie beim Saturn, allerdings um einiges massereicher. Der Gezeiteneffekt auf der Erde wäre dann allerdings vorbei, weil die Ringteile ja mehr oder minder gleichmäßig in alle Richtungen »zerrten«.

Der Zerstörungsprozeß ginge übrigens nicht unbegrenzt weiter. Wenn sich nämlich der Mond in kleinere Bruchstücke aufgelöst hat, erfahren diese Trümmer eine entsprechend kleinere Gezeitenwirkung, die vielleicht nicht mehr ausreicht, um eine weitere Auflösung zu erzwingen.

Wenn ein Körper klein genug ist, kann die Gezeitenkraft ihm nichts anhaben. Deshalb konnten die Apollo-Raumschiffe auf dem Mond landen, ohne vorher aufgelöst zu werden, und deshalb können wir auf der Erdoberfläche überleben, bleiben die von uns geschaffenen Bauwerke stabil (solange sie nicht durch andere Einwirkungen zerstört werden). Die Gezeitenkräfte, die auf uns oder vergleichbare Körper einwirken, sind zu klein, als daß sie irgendeinen Auflösungsprozeß einleiten könnten. Je stärker allerdings ein Schwerefeld ist, desto stärker ist auch seine Gezeitenkraft und desto feiner wird das Material zermahlen, das über die Rochesche Grenze nach innen vordringt und dabei aufgebrochen wird.

Auf dem Weg zu stärkeren Gravitationsfeldern wollen wir einmal die Sonne betrachten, die rund 333000mal massereicher als die Erde ist und entsprechend auch ein 333000mal stärkeres Anziehungsfeld besitzt. Aufgrund des größeren Durchmessers der Sonne ist die Sonnenoberfläche weiter vom Sonnenmittelpunkt entfernt als die Erdoberfläche vom Erdmittelpunkt; da aber die Intensität der Schwerkraft mit dem Quadrat des Abstands abnimmt, ist die Oberflächenschwerkraft der Sonne nur 28mal so stark wie die Anziehungskraft an der Erdoberfläche.

Der Gezeiteneffekt nimmt aber mit der dritten Potenz des Abstands ab. Da der Sonnendurchmesser rund 109,1mal größer als der Erddurchmesser ist, müssen wir 333000 (die Intensität des Sonnenschwerefeldes im Verhältnis zum Schwerefeld der Erde) durch 109,1 × 109,1 × 109,1 oder 1299408 teilen; dabei erhalten wir 0,256.

Daraus können wir ablesen, daß die Gezeitenkraft des Sonnenschwerefeldes, die auf einen Körper an der Sonnenoberfläche wirkt, fast viermal schwächer ist als die Einwirkung der Gezeitenkraft des Erdschwerefeldes auf einen Körper an der Erdoberfläche.

Wenn wir nun in Gedanken die Sonne verdichten, so rückt jeder Körper an der Sonnenoberfläche immer näher an den Sonnenmittelpunkt heran, und entsprechend steigt die Gezeitenkraft immer stärker an.

Sirius B hat eine der Sonne vergleichbare Masse, ist aber rund 30mal kleiner als die Sonne. Der Gezeiteneffekt an der Oberfläche von Sirius B ist entsprechend 30 × 30 × 30 oder 27000mal größer als an der Sonnenoberfläche, rund 7000mal größer als an der Erdoberfläche.

Könnte ein Mensch auf der Oberfläche von Sirius B stehen (er sei wiederum zwei Meter groß und 90 Kilogramm schwer), so würde er immer noch keine allzu große Belastung durch diese starke Gezeitenkraft erfahren. Wenn man den Effekt auf der Erdoberfläche mit 7000 multipliziert, so erhält man eine Gezeitenkraft, die einer Zugspannung von lediglich rund 400 Gramm entspräche.

Und wie sieht es bei der Rocheschen Grenze aus? Da die Rochesche Grenze beim 2,44fachen Radius des anziehenden Körpers liegt, die Gezeitenkraft aber mit der dritten Potenz des Abstands abnimmt, ist die Gezeitenkraft an der Rocheschen Grenze um den Faktor 14,53 kleiner als an der Oberfläche. Wenn die Gezeitenkraft an der Oberfläche von Sirius B rund 7000mal größer ist als an der Erdoberfläche und wenn beide Kräfte durch den gleichen Faktor 14,53 geteilt werden müssen, so bleibt das Verhältnis der Kräfte an den jeweiligen Rocheschen Grenzen immer noch 7000 zu 1.

Das bedeutet, daß ein Körper, der zu nahe an einen Weißen Zwerg herankommt, in viel kleinere Bruchstücke aufgelöst wird als ein Objekt, das sich der Erde zu sehr nähert. Das heißt aber auch, daß kleine Objekte, die den Gezeitenkräften von Erde und Sonne innerhalb der Rocheschen Grenze noch widerstehen können, vom Schwerefeld des Weißen Zwergs bereits zerstört werden.

Gehen wir noch einen Schritt weiter und untersuchen die Verhältnisse bei einem Neutronenstern von einer Sonnenmasse, dessen Durchmesser nur noch 14 Kilometer beträgt. Ein Körper an seiner Oberfläche ist dem Zentrum 100000mal näher als ein Körper an der Sonnenoberfläche. Entsprechend ist die Gezeitenkraft an der Oberfläche des Neutronensternes 100000 × 100000 × 100000 stärker als an der Sonnenoberfläche, billiardenfach stärker als an der Sonnenoberfläche also oder 250 Billionen Mal stärker als an der Erdoberfläche.

Unsere zwei Meter große Testperson würde auf einem Neutronenstern eine

Gezeitenkraft von 14 Millionen Tonnen verspüren, und einer solchen Belastung ist sie sicher nicht mehr gewachsen – aber auch nichts anderes könnte ihr standhalten: Auf der Oberfläche eines Neutronensterns muß alles sofort zerstäubt werden. Genauso würde der Neutronenstern an der Rochschen Grenze in 34 Kilometer Abstand von seinem Zentrum alle Objekte fein zerpulvern.

(Ein zweiter Gezeiteneffekt kommt noch hinzu. Ein Körper, der auf einem kugelförmigen Objekt steht, wird an seinen seitlichen Rändern in leicht voneinander abweichende Richtungen zum Zentrum gezerrt. Die Folge ist, daß der Körper an den Seiten zusammengedrückt wird. So lange der Körper aber groß genug ist, so daß die Oberfläche im wesentlichen über die Breite hinweg eben bleibt, ist dieser zweite Gezeiteneffekt selbst bei einem Neutronenstern klein gegen den in Längsrichtung auftretenden Effekt.)

Ein Mensch, der 5000 Kilometer vom Mittelpunkt eines Neutronensterns entfernt ist, spürt immerhin noch eine Gezeitenkraft, die einer Zugspannung von 40 Kilogramm entspricht, und das ist bereits recht schmerzhaft.

Wenn in ferner Zukunft einmal ein Raumschiff, das gegen Strahlung und Hitze sorgsam abgeschirmt ist, bis auf 5000 Kilometer an einen Neutronenstern herankäme (wo er dem bloßen Auge nur als schwaches Sternchen erscheinen würde), so brauchte man sich wegen der Schwerkraft keine Gedanken zu machen. Das Raumschiff würde im sogenannten freien Fall um den Neutronenstern herumgleiten und sich wieder von ihm entfernen (wenn es sich mit genügend großer Geschwindigkeit nähert). Man würde an Bord des Raumschiffes überhaupt keine Anziehungskraft verspüren, genauso wenig, wie wir die Anziehungskraft der Sonne spüren, wenn wir mit der Erde um die Sonne kreisen, oder wie die Raumfahrer eine Schwerkraft spüren, wenn sie auf einer Bahn um die Erde kreisen.

Allerdings könnte man der Gezeitenkraft nicht entrinnen. Ein Vorbeiflug in nur 5000 Kilometer Entfernung wäre schon ein qualvolles Abenteuer. In noch geringerem Abstand würden die Astronauten getötet und das Raumschiff zerstört.

Im Jahre 1966 schrieb der Science-Fiction-Autor Larry Niven eine ausgezeichnete Story mit dem Titel »Neutronenstern«; sie beschreibt unter anderem die Gefahren

der Gezeitenkräfte, denen ein unvorsichtiger Astronaut ausgesetzt war, der zu nahe an einen Neutronenstern herankam. Die Geschichte wurde im darauffolgenden Jahr mit dem Hugo Preis (ein Science-Fiction-»Oscar«) ausgezeichnet.
Allerdings kann man sich vorstellen, daß die in dieser Story beschriebenen Szenen kaum Wirklichkeit werden können, da die Auswirkungen der Gezeitenkräfte seit über 300 Jahren, seit den ersten Arbeiten von Isaac Newton, kein Geheimnis sind. Wo auch immer man in der Lage ist, Raumschiffe zu bauen, um an einen Neutronenstern heranzukommen, wird man die Gefahren der Gezeitenkräfte kennen und die Astronauten werden sich in sicherer Distanz zum Neutronenstern halten.

VII. Schwarze Löcher

Am Ende ein Sieg

Doch wir sind immer noch nicht am Ziel angelangt.
Die Kernkraft, die das Neutronium zusammenhält, kann zwar einem Gravitationsdruck widerstehen, der normale Atome und selbst die Elektronenflüssigkeit zerschmettert. Neutronium kann auch Massen ertragen, die jenseits der Chandrasekhar-Grenze liegen. Aber irgendwann ist auch die Kernkraft unterlegen. Selbst Neutronium kann keinem unendlich hohen Druck widerstehen.
Immerhin kennen wir Sterne mit 50- bis 70facher Sonnenmasse. Man kann sich vorstellen, daß der Kollaps eines solchen Sterns mit einer derartigen Wucht ablaufen kann, daß selbst ein Neutronenstern nicht mehr »stabil« bleibt. Was dann?
Schon Oppenheimer, der 1939 die Theorie der Neutronensterne ausarbeitete, schloß diese Möglichkeit in seine Überlegungen ein. Es schien ihm, daß ein Stern mit hinreichend großer Masse beim Zusammensturz derart heftig kollabieren müsse, daß selbst die Neutronen zerschmettert würden. Selbst die Kernkraft muß irgendwann der Schwerkraft unterliegen.
Wo ist dann der nächste Stopp des Kollapses?
Oppenheimer sah, daß es keinen weiteren Haltepunkt gibt. Wenn die Kernkraft versagt, gibt es nichts mehr, was der Schwerkraft noch Einhalt gebieten könnte, dieser schwächsten aller Kräfte, die aber immer stärker wird, je mehr Masse man auf einen »Haufen« wirft. Wenn ein kollabierender Stern die Neutronenphase durchbricht, trägt die Schwerkraft am Ende den Sieg davon. Der Stern wird immer weiter zusammenbrechen, wobei sein Volumen gegen Null strebt und seine Oberflächenschwerkraft unendlich groß wird.
Aus den Rechnungen ergibt sich als entscheidende Grenzmarke eine 3,2fache Sonnenmasse. So wie ein Weißer Zwerg nicht mehr 1,4 Sonnenmassen enthalten darf, soll er stabil bleiben, ist die obere Grenzmasse für einen Neutronenstern 3,2 Sonnenmassen.
Jede Massenansammlung, die mehr als 3,2 Sonnenmassen enthält, kann ihren Zusammensturz weder als Weißer Zwerg noch als Neutronenstern beenden: Sie muß weiter in sich zusammensinken.

Es hat den Anschein, als könnten Sterne der Hauptreihe, die mehr als zwanzig Sonnenmassen enthalten, während einer Supernova-Explosion nicht genügend Masse loswerden, um noch als Weißer Zwerg oder als Neutronenstern zu überleben. Das aber hieße, daß alle Sterne der Spektralklasse O Opfer dieses Sieges der Gravitationskraft werden, wenn ihr Kernbrennstoff aufgebraucht ist.
Auch hier ist die Grenze nach oben eine »Muß-Grenze«, nach unten aber eine »Kann-Grenze«: Ein Sternrest mit mehr als 3,2 Sonnenmassen *muß* die Neutronensternphase durchschlagen, ein Sternrest mit weniger Masse *kann* weiter zusammenschrumpfen.
Was aber passiert, wenn die Gravitation selbst die Kernkraft besiegt? Was geschieht mit einem Neutronenstern, der sich noch weiter zusammenzieht?
Zum einen wird die Oberflächenschwerkraft immer weiter zunehmen, ebenso die Entweichgeschwindigkeit von der Oberfläche, je näher die Oberfläche an das Zentrum herankommt. Wir haben schon vorher gesehen, daß die Entweichgeschwindigkeit eines Neutronensterns mit einer Sonnenmasse bei rund 200000 Kilometern pro Sekunde oder zwei Drittel der Lichtgeschwindigkeit liegt.
Wenn die Materie in einem Neutronenstern weiter verdichtet wird und die Oberflächenschwerkraft immer stärker anwächst, kommt der Punkt, an dem die Entweichgeschwindigkeit so groß wird wie die Lichtgeschwindigkeit. Der Radius eines Körpers, bei dem dies eintritt, wird Schwarzschild-Radius genannt nach dem deutschen Astronomen Karl Schwarzschild (1873–1916), der diesen Wert als erster berechnet hat. Der Mittelpunkt, in dem die gesamte Masse vereint ist, heißt Schwarzschild-Singularität.
Für eine Sonnenmasse liegt der Schwarzschild-Radius etwas unter drei Kilometern. Der Durchmesser ist zweimal so groß oder etwa sechs Kilometer.
Wenn also ein Neutronenstern mit einer Sonnenmasse die Neutronenphase durchschlägt und von 14 Kilometern Durchmesser auf sechs Kilometer schrumpft, so steigt seine mittlere Dichte um den Faktor 12,7 auf 17,8 Milliarden Tonnen pro Kubikzentimeter. Seine Oberflächenschwerkraft ist 1,5 Billionen Mal stärker als die Oberflächenschwerkraft der Erde, und ein Mensch wöge an seiner Oberfläche

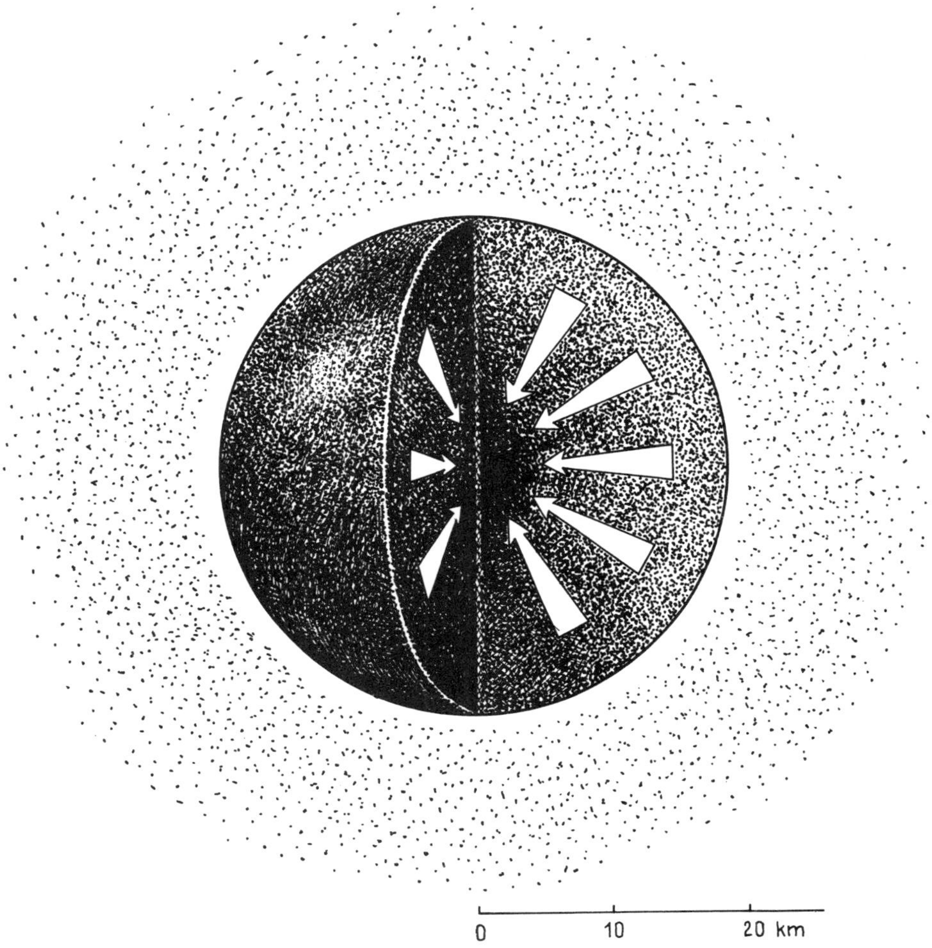

Der extremste Zustand der Materie wird in einem Schwarzen Loch erreicht. Da aus dieser Region jenseits des sogenannten Ereignishorizontes keinerlei Informationen mehr an das umgebende Weltall dringen können, kann man nur versuchen, die Bedingungen innerhalb eines Schwarzen Loches rechnerisch aus Modellvorstellungen abzuleiten. Nachgewiesen werden können Schwarze Löcher wahrscheinlich nur durch den »Todesschrei« der Materie, die sie aus ihrer Umgebung aufsaugen: sie wird dabei so sehr erhitzt, daß sie nachweisbare Röntgenstrahlung aussendet.

rund 113 Milliarden Tonnen. Die Gezeitenkräfte wären noch einmal 12,7mal stärker als bei einem Neutronenstern.

Die wichtigste Eigenschaft eines solchen superdichten Objekts aber ist die Tatsache, daß die Entweichgeschwindigkeit so groß geworden ist wie die Lichtgeschwindigkeit; sackt das Objekt noch weiter in sich zusammen, wird die Entweichgeschwindigkeit natürlich noch größer.

Weil aber nach heutigem Kenntnisstand der Physik kein materieller Körper sich so schnell wie das Licht bewegen kann oder sogar noch schneller, kann ein Objekt, das auf die Größe des Schwarzschildradius oder darüber hinaus geschrumpft ist, keine Materie mehr durch Auswurf verlieren. Nichts, was Masse besitzt, kann dann der geballten Schwerkraft entrinnen, nicht einmal Elektronen, die ja – wenn auch mit Schwierigkeiten – wenigstens noch aus einem Neutronenstern entweichen können.

Hineinstürzen kann dagegen alles über diesen Schwarzschild-Radius, bloß – wieder heraus kommt nichts. Es ist, als ob das Objekt im Schwarzschild-Radius ein gewaltiges »Faß ohne Boden« im Weltraum wäre.

Aber auch Licht kann einem Objekt im Schwarzschild-Radius nicht entkommen, ebensowenig andere Strahlung. Zwar besitzen die Photonen keine Ruhmasse, sollten also deswegen von einem noch so starken Schwerefeld unbehelligt bleiben, doch aus der Allgemeinen Relativitätstheorie wissen wir, daß diese Photonen Energie verlieren, wenn sie in einem Schwerefeld »aufsteigen«. Die Folge ist die Gravitations-Rotverschiebung. Spätestens seit den Untersuchungen von Adams an Sirius-B gibt es an der Realität dieser Gravitations-Rotverschiebung keine Zweifel mehr. Wenn nun ein Objekt bis zum Schwarzschild-Radius kollabiert ist oder darüber hinaus, verliert das Licht aufgrund der überstarken Oberflächenschwerkraft all seine Energie, erfährt gewissermaßen eine unendliche Rotverschiebung.

Das superdichte Objekt verhält sich also nicht nur wie ein Loch, sondern ist dazu auch noch dunkel, schwarz, weil kein Licht und keine andere Strahlung über den Schwarzschild-Radius nach außen dringen kann. Man nennt ein solches Objekt deshalb auch *Schwarzes Loch*.

Dieser Name erscheint allerdings kaum angemessen für ein astronomisches Objekt, dessen mögliche Existenz aufgrund tiefgehender theoretischer Überlegungen erkannt wurde. Der Name erscheint zu vertraut, zu alltäglich. Eine andere Bezeichnung ist dann auch *Kollapsar* als Abkürzung für *collapsed star* (kollabierter Stern). Doch es ist zu erwarten, daß die Bezeichnung »Schwarzes Loch« aufgrund der mitklingenden Dramatik des Vorgangs erhalten bleibt, vielleicht auch, weil es eben ein »handfester« Begriff ist.

Wir haben jetzt also vier verschiedene Möglichkeiten für die Materie kennengelernt, »beständig« zu bleiben, vier »unvergängliche« Arten von Himmelskörpern:

- die *planetaren Körper*, die von den einzelnen Elementarteilchen bis hin zu vielleicht 50facher Jupitermasse reichen. Sie alle (bis auf die einzelnen Elementarteilchen) bestehen aus intakten Atomen und haben normalerweise eine mittlere Dichte von weniger als 10 Gramm pro Kubikzentimeter;
- die *Schwarzen Zwerge*, die am Ende der Entwicklung eines Weißen Zwerges stehen, wenn dieser soviel seines Energievorrates verloren hat, daß er kein sichtbares Licht mehr aussenden kann; ihre Masse reicht bis herauf zu 1,4 Sonnenmassen. Sie bestehen aus Elektronenflüssigkeit mit »eingelagerten«, freibeweglichen Atomkernen und haben eine mittlere Dichte von etwa 20 Kilogramm pro Kubikzentimeter;
- die *Schwarzen Neutronensterne*, Endstadium der Entwicklung eines Neutronensterns, der ebenfalls soviel Energie verloren hat, daß er nicht länger im Bereich des sichtbaren Lichtes scheinen kann; ihre Masse reicht bis herauf zu 3,2 Sonnenmassen. Sie bestehen aus Neutronium, und ihre mittlere Dichte beträgt etwa 1,5 Milliarden Tonnen pro Kubikzentimeter;
- die *Schwarzen Löcher*, die kein Licht aussenden, deren Masse nach oben unbegrenzt ist und deren Materie sich in einem Zustand befindet, den wir nicht beschreiben können. Ihre Dichte übersteigt unser Vorstellungsvermögen.

Aber sind diese vier verschiedenen Objektklassen wirklich so stabil, daß sie keinen weiteren Veränderungen unterliegen, ganz gleich, wie lange sie bestehen?

Wäre ein Mitglied von irgendeiner dieser Objektklassen allein im Universum, so bliebe es nach unserem heutigen Kenntnisstand für immer unverändert. Die Schwierigkeiten treten erst dann auf, wenn noch andere Objekte im Weltall anzutreffen sind. Nun enthält aber das Universum eine bunte Mischung aus Objekten der unterschiedlichsten »Stabilitäts-Güte«, also auch Sterne, die sich noch zu einem der drei letztgenannten stabilen Objekte weiterentwickeln.
Was ist die Folge?
Betrachten wir einmal die Erde. Sie verliert beständig einen geringen Teil ihrer Masse dadurch, daß die Atmosphäre ganz langsam in den Weltraum entweicht. Andererseits kommen täglich rund 35 000 Tonnen Masse durch den Aufschlag von Meteoriten und kosmischem Staub hinzu. Das ist nicht viel im Vergleich zur Gesamtmasse der Erde, doch es ist auf jeden Fall viel mehr als der Masseverlust durch die entweichende Atmosphäre. Wir können also sagen, daß die Erde langsam, aber sicher immer massereicher wird.
Auch die Sonne verliert beständig Masse, zum Teil durch die Umwandlung von Wasserstoff in Helium, zum Teil aber auch durch den Sonnenwind, der ja Protonen und andere Teilchen enthält. Doch auch die Sonne »sammelt« bei ihrer Reise durch den Weltraum Staub und meteoritisches Material auf.
Bis auf die Schwarzen Löcher können alle Objektklassen Materie verlieren (und unter besonderen Voraussetzungen sollen auch sie in der Lage sein, Masse abzugeben; wir werden noch darauf zurückkommen). Selbst Neutronensterne geben Elektronen an die Umgebung ab, denn andernfalls könnten wir keine Mikrowellenpulse von ihnen empfangen; Supernovae schleudern sogar ein Mehrfaches der Sonnenmasse weg, wenn sie zusammenstürzen.
Trotzdem können wir leicht nachweisen, daß im Universum normalerweise große Körper immer noch weiter wachsen, und zwar auf Kosten kleinerer Objekte. Wir könnten daher fast vermuten, daß selbst ein Planet auf lange Sicht irgendwann einmal soviel Masse dazugewonnen hat, daß in seinem Innern das atomare Feuer zu brennen beginnt und er ein – wenn auch sehr kleiner – Stern wird, der eines Tages nach Durchlauf der Phase des Weißen Zwerges als Schwarzer Zwerg endet.

Wir könnten uns ebenso vorstellen, daß ein Schwarzer Zwerg auf seinem Weg durch das Weltall genügend Masse aufsammeln kann, um die Elektronenflüssigkeit zu zerstäuben und weiter zu einem Neutronenstern zusammenzuschrumpfen. Selbst ein Neutronenstern könnte soviel Masse »nachträglich« aufsaugen, daß er schließlich das Neutronium zerschmettert und in ein Schwarzes Loch zusammenstürzt, das – zumindest auf den ersten Blick – keine Masse verlieren, aber unbegrenzt neue Masse aufnehmen kann.
Dann wäre letztlich nur eine Objektklasse über alle Zeiten stabil, die der Schwarzen Löcher. Dann gäbe es irgendwann in ferner Zukunft – immer vorausgesetzt, daß sich alles so entwickelt, wie es derzeit den Anschein hat – nur noch Schwarze Löcher im Universum, ja, vielleicht stünde am Ende ein einziges Schwarzes Loch, das alles enthält. Das gesamte Universum wäre zusammengestürzt, eine Vorstellung, die zum Titel der amerikanischen Originalausgabe dieses Buches geführt hat. Oder ist es vielleicht doch nicht so einfach? Ehe wir weiter über die »Endzeit« des Universums nachdenken, wollen wir einige Eigenschaften der Schwarzen Löcher etwas genauer kennenlernen.
Als erstes müssen wir dabei ihre Existenz überprüfen. In der Theorie gibt es die Schwarzen Löcher schon lange, aber gibt es sie auch wirklich im Universum?

Die Suche nach den Schwarzen Löchern

Der Nachweis eines Schwarzen Lochs ist nicht einfach. Schon die Weißen Zwerge konnte man aufgrund ihres schwachen Leuchtens kaum erkennen. Noch schwieriger war die Suche nach den Neutronensternen, die ohne die Technik der Radioastronomie vielleicht gar nicht gefunden worden wären. Man könnte meinen, daß sich die Schwarzen Löcher, die weder Licht noch Radiostrahlung aussenden, jeglicher Beobachtung entziehen.
Doch ist die Situation nicht ganz so hoffnungslos. Zumindest gibt es ein Schwerefeld: Ganz gleich, was mit der Materie geschieht, die in einem Schwarzen Loch ver-

schwindet – sie muß erhalten bleiben (so weit wir bislang wissen) und ist damit Quelle eines Schwerefeldes.

Damit keine Irrtümer entstehen: Die Intensität des Schwerefeldes bleibt in großen Entfernungen zu einem Schwarzen Loch unverändert, die gleiche wie vor der Entstehung, da sie nach wie vor mit dem Quadrat der Entfernung abnimmt. Ein Schwarzes Loch mit 50facher Sonnenmasse übt die gleiche Anziehungskraft aus wie ein normaler Stern mit 50facher Sonnenmasse in der gleichen Entfernung.

Der Unterschied zwischen normalem Stern und Schwarzem Loch besteht lediglich darin, daß man bei einem Schwarzen Loch näher an das Zentrum herankommt als bei einem Riesenstern. Je näher man aber an den Mittelpunkt der Massenansammlung kommt, desto stärker wird die Schwerkraft. In der unmittelbaren Umgebung des Schwarzen Lochs ist die Schwerkraft also viel geballter als in der unmittelbaren Umgebung eines Riesensterns, weil man hier schon sehr weit vom Mittelpunkt entfernt ist. Kann man vielleicht die Existenz derart kompakter Schwerefelder auf große Distanzen erkennen?

Nach der Allgemeinen Relativitätstheorie von Albert Einstein müssen »Gravitationsereignisse« sich durch die Aussendung von Gravitationswellen bemerkbar machen; man spricht in diesem Zusammenhang auch von Gravitonen als den Teilchen, die die Gravitationsenergie übertragen (analog zu den Photonen, die als Träger der Lichtenergie verstanden werden). Gravitonen sind allerdings viel energieärmer als Photonen und können daher nur nachgewiesen werden, wenn ausnahmsweise einmal gewaltige Gravitationsenergien freigesetzt werden – und selbst dann sind enorme Anstrengungen erforderlich. Wir kennen keinen Prozeß, bei dem hinreichend viel Gravitationsenergie frei wird, allenfalls die Entstehung eines Schwarzen Lochs.

Ende der sechziger Jahre begann der amerikanische Physiker Joseph Weber (1919–) mit der Suche nach solchen Schwerewellen. Er benutzte große Aluminiumzylinder von einigen Tonnen Gewicht als Gravitations-»Teleskop«. Zur besseren Kontrolle seiner Messungen stellte er mehrere Zylinder in einigen hundert Kilometern Entfernung auf, um lokale Erschütterungen als solche zu erkennen. Die Zylinder sollten nämlich in geringfügige Schwingungen versetzt werden, wenn sie von einer Gravitationswelle durchdrungen wurden. Weber konnte zahlreiche Ereignisse dieser Art registrieren, und seine Beobachtungen sorgten für einige Aufregung unter den Wissenschaftlern. Die einfachste Erklärung wären gewaltige Schwerkraftereignisse im Bereich des Milchstraßenzentrums gewesen, Ereignisse, die auf die Existenz eines riesigen Schwarzen Lochs hingewiesen hätten – doch waren Webers Ergebnisse auf wirkliche Schwerewellen zurückzuführen?

Andere Wissenschaftler haben an vielen Stellen der Erde versucht, Webers Messungen mit besseren Apparaturen zu wiederholen. Sie alle haben keine Schwerewellen aufspüren können, und so ist ihr Nachweis zur Zeit umstritten. Umstritten ist damit auch die mögliche Existenz eines Schwarzen Lochs im Zentrum der Milchstraße – sie müßte auf eine andere Weise geklärt werden.

Eine andere Möglichkeit zum Nachweis Schwarzer Löcher besteht in der Tatsache, daß Licht durch derart kompakte Schwerefelder von seiner normalerweise gradlinigen Bahn abgelenkt wird. Schon bei der Sonne und ihrem »gewöhnlichen« Schwerefeld hat man diese Lichtablenkung beobachtet; sie war ein Beweis für die Richtigkeit der Einsteinschen Relativitätstheorie.

Nehmen wir einmal an, ein Schwarzes Loch läge genau auf der Sehlinie zwischen der Erde und einer weit entfernten Milchstraße. Das Licht dieser Milchstraße würde an allen Seiten des punktförmigen Schwarzen Lochs vorbeiströmen und so zum Schwarzen Loch hin abgelenkt, daß es wie durch eine Linse gebündelt erschiene. Man spricht daher in diesem Zusammenhang auch von einer Gravitations»linse«.

Wenn wir eine Milchstraße fänden, die trotz ihrer Entfernung ungewöhnlich groß aussieht, könnten wir vermuten, daß ihr Bild durch eine solche Schwerkraftlinse vergrößert wurde und daß zwischen ihr und uns ein Schwarzes Loch liegt.

Bislang ist jedoch noch keine derartige »übergroß« erscheinende Milchstraße beobachtet worden.

Schwarze Löcher sind aber nicht allein im Universum. Es könnte also in ihrer Umgebung auch normale Materie existieren. Dann würden Objekte, die zu nahe an ein Schwarzes Loch herankommen, aufgrund der gewaltigen Gezeitenkräfte zermahlen und zusammen mit Gas und Staub in rund 200 Kilometer Entfernung zum Schwarzschild-Radius das Schwarze Loch umrunden, ähnlich wie die Saturnringe. Diese Gas- und Staubwolke könnte für immer in der Umlaufbahn bleiben, gäbe es keine Wechselwirkung zwischen den einzelnen Teilchen. Durch Zusammenstöße können jedoch einige Partikel abgebremst werden; sie verlieren Energie und müssen dann auf Spiralbahnen immer näher an das Schwarze Loch geraten, werden schließlich den Schwarzschild-Radius passieren und sind dann für immer »verloren«.

Insgesamt würde man also einen beständigen Strom zum Schwarzen Loch hin erwarten. Dabei wird aber Gravitationsenergie freigesetzt, die in Wärme umgewandelt wird. Eine zusätzliche Aufheizung erfahren die Teilchen durch die Gezeitenkräfte. Im Endeffekt werden sie auf extrem hohe Temperaturen erhitzt und senden dann Röntgenstrahlung aus. Wenn wir also auch »freistehende« Schwarze Löcher, die von leerem Weltraum umgeben sind, nicht nachweisen können, so ließe sich vielleicht eins erkennen, das von normaler Materie umgeben ist. Diese würde – gewissermaßen als »Todesschrei« vor ihrem Verschwinden im Schwarzen Loch – Röntgenstrahlung aussenden.

Die Röntgenstrahlung muß allerdings intensiv genug sein, daß man sie noch über viele Lichtjahre Entfernung nachweisen kann. Es muß also mehr Masse ins Schwarze Loch stürzen als ein gelegentliches »Tröpfeln«. Es muß ein gewaltiger Materiestrom sein, und damit sind schon ziemliche Anforderungen an die Umgebung eines Schwarzen Lochs gestellt, damit wir es überhaupt entdecken können. Schwarze Löcher könnten vielleicht dort gefunden werden, wo viele Sterne auf engem Raum zusammengedrängt stehen und die Masseansammlung so groß ist, daß über kurz oder lang die Entstehung eines Schwarzen Lochs unvermeidlich ist.

Wir kennen zum Beispiel die kugelförmigen Sternhaufen, die Zehntausende oder sogar Hunderttausende von Sternen enthalten. In unserer direkten Umgebung stehen die Sterne in einem gegenseitigen Abstand von vielleicht fünf Lichtjahren. Im Zentrum eines solchen Kugelsternhaufens können sie nur jeweils 0,5 Lichtjahre voneinander entfernt sein; dort stehen sie also tausendmal dichter als in unserer Nachbarschaft. Man hat inzwischen tatsächlich einige Kugelsternhaufen als Röntgenstrahlungsquelle identifizieren können, und es ist daher nicht auszuschließen, daß sie in ihrem Zentrum ein solches Schwarzes Loch enthalten. Einige Astronomen nehmen an, daß es sich um relativ kleine Schwarze Löcher mit 10 bis vielleicht 100 Sonnenmassen handeln könnte.

Die Kernregionen von Milchstraßen sind so etwas wie gewaltige Kugelsternhaufen mit Millionen und Abermillionen Sternen. Die mittlere Entfernung der Sterne dort mag auf 0,1 oder gar 0,025 Lichtjahre schrumpfen, so daß die Sterndichte dort millionenfach höher ist als bei uns.

Doch selbst bei derart geringen Abständen stoßen die Sterne noch nicht aneinander, denn selbst 0,025 Lichtjahre sind immer noch vierzigmal mehr als die Entfernung Sonne–Pluto. Die Wahrscheinlichkeit von Zusammenstößen oder anderen katastrophalen Ereignissen steigt natürlich mit wachsender Sterndichte rasch an. In den letzten Jahren sind eine Reihe von Hinweisen gefunden worden, die auf Explosionen in Galaxienkernen schließen lassen, Explosionen, die so gewaltig gewesen sein müssen, daß die Astronomen sich die Energiequelle nicht erklären konnten. Könnten vielleicht Schwarze Löcher dafür verantwortlich sein? Vielleicht!

Selbst unsere eigene Milchstraße bleibt davon nicht verschont. Eine sehr kompakte und energiereiche Radiostrahlungsquelle ist im Zentralbereich unserer Galaxis gefunden worden, und es ist sehr verlockend, dahinter ein Schwarzes Loch zu vermuten. Einige Astronomen gehen sogar so weit, daß sie eine Massenabschätzung wagen: Einhundert Millionen Sterne oder 1 Promille der Gesamtmasse der Milchstraße. Das Schwarze Loch müßte 700 Millionen Kilometer groß sein, so groß also wie ein »ausgewachsener« Roter Riese, aber soviel massereicher, daß es ganze Sterne durch seine Gezeitenkräfte zerreißen kann, wenn sie ihm zu nahe kommen, oder sie sogar als Ganzes verschlucken kann, wenn sie nur schnell genug darauf zurasen.

Vielleicht befindet sich in jedem Kugelsternhaufen und in jeder Galaxie ein solches Schwarzes Loch, das immer nur weitere Materie aufsaugt, ohne je etwas abzugeben, das erbarmungslos seine Umgebung »frißt« und dabei immer weiter wächst. Werden sie eines Tages alles verschluckt haben? Theoretisch ja, doch ihre »Tagesrationen« mögen ziemlich klein sein. Das Universum ist immerhin schon rund 15 Milliarden Jahre alt, und immer noch gibt es »unverschluckte« Milchstraßen und Kugelsternhaufen. Eine andere Theorie sieht denn auch in den Schwarzen Löchern mehr die »Quellen« für Kugelhaufen und Galaxien als ihre kollabierten, alles verschlingenden Moloche. Das Schwarze Loch mag zuerst dagewesen sein und wie ein Samenkorn Sterne um sich herum gebildet haben, aus denen sich Kugelsternhaufen und Galaxien formierten.

So »schöpferisch« ein Schwarzes Loch aber auch am Anfang gewesen sein mag, jetzt ist es dazu übergegangen, Materie aufzusaugen. Und selbst bei einer geringen »Tagesration« ist es nicht gerade sehr angenehm, sich in der Nähe eines Schwarzen Loches aufzuhalten. Wenn wirklich im Zentrum einer jeden Galaxie ein Schwarzes Loch existiert, dann ist das nächstgelegene Schwarze Loch im Zentrum unserer eigenen Milchstraße zu suchen, und das ist etwa 30000 Lichtjahre von uns entfernt. Dies ist eine sehr beruhigende Distanz, selbst bei einem riesigen Schwarzen Loch am anderen Ende.

Wenn jeder Kugelsternhaufen ein Schwarzes Loch im Zentrum enthält, so wäre das nächstgelegene Objekt dieser Art im kugelförmigen Sternenhaufen Omega Centauri zu erwarten, immer noch sichere 22000 Lichtjahre weit von uns entfernt.

Bislang sind Schwarze Löcher im Zentrum von Kugelhaufen und Galaxien jedoch noch reine Spekulation. Wir können nicht in einen Kugelhaufen oder in den Kern einer Galaxie hineinblicken, um die Zentralregion direkt zu untersuchen. Die umgebenden Sterne versperren die Durchsicht, und indirekte »Beweise« wie etwa Röntgenstrahlung oder selbst Gravitationswellen sind nicht gerade sehr überzeugend.

Gibt es noch irgendeine andere Nachweismethode für Schwarze Löcher?

Schauen wir doch mal nicht bei gewaltigen Sternansammlungen nach, sondern bei Sternpaaren. Sehen wir uns also mal Doppelsternsysteme an.

Wir können die Gesamtmasse eines Doppelsternsystems bestimmen, wenn wir die

Entfernung dorthin kennen und die gegenseitige Umlaufszeit. Wenn einer von beiden Sternen sehr klein ausschaut und trotzdem eine große Masse in sich vereint, können wir annehmen, daß er sich in einem der bekannten Kollapszustände befindet. Auf diese Weise wurde beispielsweise der Begleiter des Sirius entdeckt und schließlich als Weißer Zwerg identifiziert.
Nehmen wir einmal weiter an, wir hätten ein Doppelsternsystem, in dem beide Partner zu Schwarzen Löchern zusammengestürzt sind. Die kollabierten Massen sind dann zwar unsichtbar, doch kreisen sie nach wie vor umeinander und können – wenn sie noch »jung« sind – Materie aus der Wolke aufsaugen, die sie während ihrer Supernova-Explosionen herausgeschleudert haben. Man würde dann eine zweifache Röntgenquelle beobachten, deren einzelne Partner um den gemeinsamen Schwerpunkt kreisen. Acht solcher Röntgen-Doppelquellen sind bislang bekannt, doch ihre Natur ist bislang nicht geklärt worden.
Was ist, wenn nur einer der beiden Sterne zu einem Schwarzen Loch zusammengestürzt ist? Der Partner des Schwarzen Lochs, der ohne weiteres viele Milliarden Kilometer von ihm entfernt sein kann, wird durch den Energiestoß der Supernova-Explosion geschüttelt werden und sich anschließend in einer Umgebung wiederfinden, die aufgrund des Masseauswurfes während der Supernova-Explosion sehr viel »staubiger« und gasreicher ist als vorher.
Der Partner wird also möglicherweise wärmer werden, wenn er Teile dieser Auswurfmaterie auffängt; er wird auch kurzlebiger aufgrund dieses Massenzuwachses, doch bleibt er zunächst noch auf der Hauptreihe. Der Schwerkrafteinfluß bleibt unverändert, denn das Schwarze Loch ist ja weit genug entfernt; er kann allenfalls abnehmen, weil die Masse des Schwarzen Lochs nach der Supernova-Explosion kleiner ist als die des ursprünglichen Sterns vor der Explosion.
Von der Erde aus würde man dann einen normalen Stern der Hauptreihe beobachten, der zusammen mit einer intensiven Röntgenquelle um den gemeinsamen Schwerpunkt kreist.
Würden diese Röntgenquellen nun einen Neutronenstern oder ein Schwarzes Loch anzeigen? Es gibt Unterschiede, die man für eine Identifizierung der Quelle nutzen

könnte. Die Röntgenstrahlen von einem Neutronenstern könnten in ebenso regelmäßigen Pulsen auftreten wie die Radiostrahlung. Zwei Röntgenpulsare sind auch tatsächlich gefunden worden, Centaurus X–3 (die dritte entdeckte Röntgenquelle im Sternbild Centaur) und Herkules X–1. Die Röntgenstrahlung von einem Schwarzen Loch dagegen müßte unregelmäßig schwanken, abhängig von der Materiemenge, die vom Schwarzen Loch verschluckt wird. Darüber hinaus muß eine solche punktförmige Röntgenquelle ein Schwarzes Loch sein, wenn ihre Masse größer als 3,2 Sonnenmassen ist. Wenn eine solch große Masse unzweifelhaft als Neutronenstern erkannt würde, so müßte man die ganze Theorie der Schwarzen Löcher über den Haufen werfen. Bislang ist jedoch noch kein supermassiver Neutronenstern nachgewiesen worden.

Anfang der 60er Jahre, als man zum ersten Mal Röntgenquellen am Himmel entdeckte, stieß man auf eine ungewöhnlich starke Quelle. Während eines Raketenflugs im Jahre 1965 wurde sie im Sternbild Schwan genauer lokalisiert. Seither trägt sie die Bezeichnung Cygnus X–1.

Vier Jahre später, im Dezember 1970, wurde von einem Startplatz vor der Küste Kenyas ein Röntgensatellit in die Erdumlaufbahn gebracht. Der Starttermin fiel mit dem sechsten Jahrestag der Unabhängigkeit Kenyas zusammen, und man hatte den Satelliten daher UHURU genannt; dieses Wort bedeutet in der Sprache Kenyas, in Suaheli, soviel wie »Freiheit«. Mit UHURU konnten über 160 Röntgenquellen am Himmel gefunden werden, die Hälfte davon in unserer eigenen Milchstraße, drei in Kugelsternhaufen. Damit waren die höchsten Erwartungen noch übertroffen.

Im Jahre 1971 beobachtete UHURU eine deutliche Veränderung in der Röntgenintensität von Cygnus X–1; also schien ein Neutronenstern als Quelle auszuscheiden, und die Wahrscheinlichkeit für ein Schwarzes Loch stieg. Gleichzeitig verstärkten die Radioastronomen ihre Anstrengungen, ebenfalls Strahlung von dieser Quelle zu empfangen. Nachdem sie fündig geworden waren, konnte die Position des Objektes am Himmel sehr genau bestimmt werden: Sie fiel fast mit einem »normalen« Stern zusammen.

Dieser Stern trägt die Bezeichnung HD-226868; es ist ein großer, heißer Stern der Spektralklasse B mit rund 30 Sonnenmassen. C.T. Bolt von der University of Toronto konnte zeigen, daß HD–226868 ein Doppelstern sein mußte, denn er bewegte sich zusammen mit einem unsichtbaren Stern alle 5,6 Tage um den gemeinsamen Schwerpunkt. Aus den Bahnverhältnissen kann man ableiten, daß dieser dunkle Partner etwa fünf bis acht Sonnenmassen enthalten muß.
Man kann den zweiten Stern nicht sehen, obwohl er eine intensive Röntgenstrahlung aussendet. Er muß also sehr klein sein. Da seine Masse für einen Weißen Zwerg oder einen Neutronenstern zu groß ist, hat man hier offenbar zum ersten Mal ein Schwarzes Loch gefunden.
Darüber hinaus kann man vermuten, daß HD-226868 sich gerade zu einem Roten Riesen aufbläht. Dabei fließt ein Teil seiner Materie zum Schwarzen Loch hinüber und sorgt somit für die intensive Röntgenstrahlung.
Auch hier ist der Beweis jedoch noch ziemlich indirekt, und so zweifeln zahlreiche Astronomen daran, daß es sich bei Cygnus X–1, dem Begleiter von HD–226868, wirklich um ein Schwarzes Loch handelt. Ganz entscheidend ist die Entfernung zu dem Doppelsternsystem. Je größer sie ist, desto leuchtkräftiger und damit massereicher muß HD–226868 sein, um bei uns mit der beobachteten Helligkeit zu erscheinen, und desto massereicher muß dann auch der dunkle Begleiter sein, um eine derart kurze Umlaufperiode zu ermöglichen. Um so wahrscheinlicher wäre es, daß Cygnus X–1 ein Schwarzes Loch ist. Einige Astronomen bleiben jedoch dabei, daß HD–226868 entschieden näher ist als rund 10000 Lichtjahre.
Trotzdem scheint hier vieles für die Existenz eines Schwarzen Lochs zu sprechen.
Inzwischen sind einige andere Doppelsternpaare gefunden worden, bei denen einer der beiden Partner ein Schwarzes Loch sein könnte. Dazu gehören die Röntgenquellen X Persei und Circinus X–1.
Man kann sich auch Schwarze Löcher ohne Röntgenstrahlung vorstellen. Enge Doppelsternpaare können beispielsweise auch anhand des Spektrums erkannt werden: Die Spektrallinien spalten sich dann regelmäßig auf, wenn einer der beiden Sterne sich auf uns zubewegt, während der andere sich gerade von uns entfernt.

Epsilon Aurigae, ein Stern im Sternbild Fuhrmann, konnte beispielsweise so als enger Doppelstern »entlarvt« werden; Epsilon Aurigae B, der Partner, ist unsichtbar. Aufgrund der spektroskopischen Daten scheint der sichtbare Stern, Epsilon Aurigae A, etwa 17 Sonnenmassen zu enthalten, während sein unsichtbarer Begleiter acht Sonnenmassen in sich vereint. Wieder spricht die Kombination aus großer Masse und Unsichtbarkeit für die Möglichkeit eines Schwarzen Lochs, wiewohl andere Astronomen glauben, daß Epsilon Aurigae B noch unsichtbar ist, weil an seiner Stelle ein Stern erst im Entstehen begriffen ist, bei ihm also die Kernreaktionen noch nicht gezündet haben.

Schwarze Löcher en miniature

Wenn Schwarze Löcher nur im Zentrum von Galaxien existieren, dann gibt es in unserer Milchstraße nur eins von ihnen. Wenn sie auch im Zentrum von Kugelsternhaufen vorkommen, dann befinden sich in unserer Milchstraße und ihrer direkten Umgebung etwa 200 Schwarze Löcher (die Kugelsternhaufen bilden eine Art »Schale« rund um unserer Milchstraße herum). Können sie schließlich auch als Partner in Doppelsternsystemen auftreten, so steigt die Zahl der möglichen Schwarzen Löcher in unserer Milchstraße ins »Unermeßliche.« Immerhin ist fast jeder zweite Stern Partner eines Doppel- oder Mehrfach-Sternsystems.
Und Schwarze Löcher brauchen nicht einmal Partner eines Doppelsternsystems zu sein. Sie können natürlich auch aus einzelnen Sternen entstehen; dann allerdings werden sie in der Regel wirklich unsichtbar bleiben wie eine schwarze Katze in einem dunklen Raum, denn dann finden sie keine Materie in ihrer Umgebung, die sie aufsaugen können und von der wir noch Röntgenstrahlung empfangen könnten.
Aufgrund all dieser Möglichkeiten vermuten einige Astronomen, daß es rund eine Milliarde Schwarzer Löcher in jeder Galaxie gibt. Wenn das zuträfe und Schwarze Löcher mehr oder minder gleichmäßig in diesen Milchstraßen verteilt wären, dann

stünden sie im Mittel rund 40 Lichtjahre voneinander entfernt, und jeder normale Stern wäre nicht weiter als vielleicht 20 Lichtjahre von einem Schwarzen Loch getrennt.
Allerdings wird man annehmen müssen, daß auch die Schwarzen Löcher ungleichmäßig verteilt sein dürften wie die Sterne selbst. Rund 90 Prozent aller Sterne unserer Milchstraße (und vergleichbarer anderer Galaxien ebenfalls) sind in der relativ kleinen Zentralregion konzentriert. Nur 10 Prozent dagegen befinden sich in den weiträumigen, »dünnbesiedelten« Spiralarmen, wo auch unsere Sonne anzutreffen ist. Vielleicht befänden sich dann auch nur 10 Prozent der Schwarzen Löcher in den Spiralarmen, und damit würde die mittlere Entfernung in diesem Bereich auf mehrere hundert Lichtjahre anwachsen.
Bislang haben wir nur von Schwarzen Löchern gesprochen, die aus massereichen Sternen entstanden und entsprechend selbst ziemlich viel Masse in sich vereinen. In der Tat glauben einige Astronomen, daß ein »durchschnittliches« Schwarzes Loch etwa 10 Sonnenmassen enthält.
Es mag so aussehen, als könnten Schwarze Löcher mit entschieden kleinerer Masse nicht vorkommen, denn nur solch massive Sterne haben ein ausreichend starkes Schwerefeld, um selbst das Neutronium zu zerbrechen und zum Schwarzen Loch zusammenzustürzen.
Nach der Allgemeinen Relativitätstheorie von Albert Einstein kann jedoch ein Schwarzes Loch in jeder beliebigen Größe vorkommen. Jeder Körper, der Masse besitzt, hat – unabhängig von der Menge der Masse – ein Schwerefeld. Wenn ein Körper auf einen immer kleineren Raum zusammengepreßt wird, steigt die Oberflächenschwerkraft immer mehr an, und schließlich kann die Entweichgeschwindigkeit größer als die Lichtgeschwindigkeit werden. Der Körper ist dann über den Schwarzschild-Radius geschrumpft.
Der Schwarzschild-Radius der Erde beispielsweise beträgt 4,4 Millimeter, und der Mount Everest müßte auf den Durchmesser eines Atomkernes zusammenschrumpfen, um zum Schwarzen Loch zu werden.
Auf diesem Wege könnten wir weiterdenken bis hin zur kleinsten bekannten

Masse, dem Elektron, doch gibt es aus der Theorie eine untere Grenze für die Masse eines Schwarzen Lochs; sie liegt bei rund 0,00001 Gramm. Ein solcher Körper, kleiner als ein Staubkorn und mit dem bloßen Auge gerade noch erkennbar, hätte als Schwarzes Loch einen Durchmesser von 10^{-33} Zentimeter und eine Dichte von 10^{94} Gramm pro Kubikzentimeter. Könnte man die gesamte Materie im Universum so dicht packen, dann paßte sie in einen Atomkern hinein!

Doch wie können solche Miniaturausgaben eines Schwarzen Lochs entstehen? Sicher nicht durch die eigene Schwerkraft, sondern allenfalls durch Krafteinwirkung von außen. Welche Kraft aber ist stark genug, um ein solch kleines Schwarzes Loch zu erzeugen?

Der englische Astronom Stephen Hawking schlug 1971 vor, daß eine hinreichend starke Kraft im Zusammenhang mit der Entstehung des Weltalls aufgetreten sein könnte – die Kraft des Big Bang selbst nämlich. Damals, als große Mengen Materie auseinanderflogen, könnten Teile dieser Explosionstrümmer mit derartiger Wucht zusammengestoßen sein, daß einzelne Materieklumpen zwischen ihnen förmlich zerquetscht wurden. Solche Klumpen hätten den Schwarzschild-Radius durchbrochen und müßten seither als Miniaturausgaben von Schwarzen Löchern im Weltall herumgeistern.

Es gibt bislang jedoch überhaupt keine direkten Hinweise auf die Existenz solcher winzigen Schwarzen Löcher, nicht einmal indirekte Hinweise wie etwa im Fall von Cygnus X–1 im Zusammenhang mit großen Schwarzen Löchern. Einige Astronomen weisen die ganze Überlegung zurück und glauben, daß es nur Schwarze Löcher mit einer deutlich größeren Masse als der Sonnenmasse geben kann.

Wenn jedoch solche Schwarzen Zwerglöcher existieren sollten, dann dürfte es viel mehr davon geben als von den »normalen« Schwarzen Löchern. Dann müßten sie auch dichter gedrängt vorkommen als die »großen Brüder«. Ist der Raum zwischen den Sternen vielleicht gar von Schwarzen Zwerglöchern übersät? Hawking glaubt, daß etwa 300 von ihnen in einem Würfel von einem Lichtjahr Kantenlänge vorkommen.

Es erscheint mir wichtig, noch einmal daran zu erinnern, daß es für diese Hypothese keinerlei Beweise gibt. Doch selbst wenn die Schwarzen Zwerglöcher so »dicht« gesät sind, ist ihre gesamte Schwerkraftwirkung gering, und man kann ein einzelnes von ihnen nur in seiner unmittelbaren Nachbarschaft »spüren« – in einigen Kilometern Entfernung, einigen Zentimetern, einigen Mikrometern, abhängig von seiner Masse.

Solche Schwarzen Zwerglöcher müssen natürlich unaufhaltsam größer werden, weil sie jedes Staubteilchen, mit dem sie zusammenprallen, aufsaugen. Zumindest ist dies der normale Weg. Hawking glaubt dagegen aufgrund eigener Rechnungen, daß Schwarze Zwerglöcher auch Masse verlieren können und daß wirklich winzige Exemplare »verdampfen« und explodieren, ehe sie viel Masse ansammeln können.

Wenn ein Schwarzes Zwergloch mit einem größeren Körper zusammenstößt, muß es sich gewissermaßen hindurchbohren. Es wird zunächst die obere Schicht aufsaugen und dabei genügend Hitze entwickeln, daß die Umgebung verdampft; durch diesen heißen Dampf kann es dann weiterfliegen, wird auch diesen Dampf teilweise »inhalieren«, dabei neue Hitze erzeugen, das nächste Stückchen Weg aufschmelzen, und so fort. Am Ende wird es eine größere Masse besitzen als zu Beginn des Weges.

Trifft ein Schwarzes Zwergloch mit geringer Geschwindigkeit auf einen großen Körper, ist also seine Bewegungsenergie klein, so kann es von dem großen Körper auch eingefangen werden und sinkt dann zu dessen Mittelpunkt ab. Hier wird es wie ein Parasit beginnen, sich langsam, aber sicher immer mehr Materie einzuverleiben und so den großen Körper immer weiter auszuhöhlen.

Allerdings ist der Querschnitt eines Schwarzen Zwergloches sehr klein und seine Anziehungskraft ziemlich schwach, so daß angesichts der Größe und Leere des Weltraums ein solcher Zusammenstoß äußerst selten sein dürfte. In all den 15 Milliarden Jahren seit der Entstehung des Universums durch den Big Bang kann die überwiegende Mehrzahl der eventuell mitentstandenen Schwarzen Zwerglöcher nur sehr wenig Masse dazugewonnen haben, so daß sie immer noch zwergenhaft sein müssen und noch immer nicht nachgewiesen werden können.

Das schließt natürlich nicht aus, daß vielleicht doch einmal ein Schwarzes Zwerg-

loch mit der Erde zusammengestoßen ist. Die Hitze, die beim Durchqueren der Atmosphäre freigesetzt würde, wäre so enorm, daß sie unübersehbare Erscheinungen ausgelöst haben müßte, und das Durchdringen des Erdkörpers selbst hätte auch beobachtbare Folgen haben müssen.
Ist so etwas je vorgekommen?
Wir wissen es nicht. Es gibt aus der vorgeschichtlichen Zeit keine Hinweise darauf, daß ein Schwarzes Loch mit der Erde kollidiert ist, aber vielleicht erkennen wir die Hinweise nicht richtig. Ist vielleicht Sodom durch ein Schwarzes Zwergloch zerstört worden? Wie sollen wir es wissen? Die Zerstörung kann auch durch einen gewöhnlichen Meteoriten ausgelöst worden sein, durch eine Vulkaneruption, durch ein Erdbeben. Die ganze Geschichte kann auch rein erfunden sein. Die Aufzeichnungen reichen nicht aus, um eine definitive Aussage zu ermöglichen.
Gibt es aber vielleicht in historischer Zeit irgend etwas, das auf den Zusammenstoß mit einem Schwarzen Loch zurückgeführt werden könnte? Ein Vorfall würde dazu passen!
Am 30. Juni 1908 wurde in der Tunguska-Region in Zentralsibirien etwas beobachtet, das man zunächst für den Aufprall eines gewaltigen Meteoriten hielt. Im Umkreis von 30 Kilometern wurden die Bäume umgeknickt, und eine Herde von rund 500 Rentieren fiel der Druckwelle und dem anschließenden Feuer zum Opfer. Forscher, die einige Jahre später die betreffende Region untersuchten, fanden jedoch keine Aufschlagkrater oder Meteoritentrümmer.
Sie kamen zu dem Schluß, daß der auftreffende Körper in der Atmosphäre explodiert sein müsse. Einige glaubten, es habe sich um einen kleinen Kometen gehandelt, der aus gefrorenem Gas und Gesteinsbrocken bestand. Das Eis wäre während der Passage durch die Erdatmosphäre verdampft, hätte einen großen Knall verursacht und den Kometenkern so zerstäubt, daß von ihm keine erkennbaren Trümmer mehr übrigbleiben konnten.
Andere hielten es für möglich, daß die Erde mit einem Stück Antimaterie zusammengestoßen sei. Antimaterie besteht aus Atomen, deren Protonen negativ und deren Elektronen positiv geladen sind. Antimaterie reagiert mit normaler Materie

in einer Umwandlung in Energie. Ein Stück Antimaterie, das mit der Erde zusammenstieße, würde verschwinden und gleichzeitig ein entsprechend großes Stück Materie vernichten. Dabei entstünde eine Explosion wie bei einer Wasserstoffbombe, lediglich noch energiereicher.

Sogar der Absturz eines atomgetriebenen Raumschiffs von außerhalb der Erde ist als Erklärungsversuch für die Erscheinung vom 30. Juni 1908 herangezogen worden.

Eine andere Überlegung sieht hinter dem ganzen Vorfall ein Schwarzes Zwergloch, das bei der Durchquerung der Erdatmosphäre eine gewaltige Explosion auslöste, dann in die Erde eindrang, dort Materie aufnahm und schließlich irgendwo im Nordatlantik wieder die Erdoberfläche erreichte, eine riesige Wasserfontäne hervorrief und »unerkannt« im Weltraum verschwand. Es hätte zwar eine Menge Masse gewonnen, sei aber immer noch ein Schwarzes Zwergloch gewesen.

Natürlich ist auch diese Schwarze-Zwergloch-Hypothese lediglich eine Spekulation. Es wurde auch darauf hingewiesen, daß die Passage eines Schwarzen Zwerglochs Erdbeben und Flutwellen hätte auslösen müssen; beides wurde damals nicht beobachtet.

Bislang haben wir einfach keine Möglichkeit, diese Erklärung zu bestätigen oder zu widerlegen. Es wird wohl auch nie eine solche Möglichkeit geben, wenn nicht etwas Ähnliches noch einmal passiert und die Wissenschaftler dann aufgrund ihres stark erweiterten Kenntnisstandes den Vorgang gezielt untersuchen können.

Der Nutzen der Schwarzen Löcher

Kein Wissenschaftler, ganz gleich, ob er an die Existenz Schwarzer Zwerglöcher glaubt oder nicht, kann von der Möglichkeit der Kollision eines solchen Objekts mit der Erde begeistert sein. Wäre das, was auch immer am 30. Juni 1908 mit der Erde zusammengestoßen sein mag, nicht in einer derart abgelegenen und unbesiedelten Gegend heruntergekommen, dann wäre die Katastrophe noch größer gewesen.

Man kann sich leicht vorstellen, daß Washington oder Moskau von einem solchen Aufprall zerstört worden wären. Und da die Wirkung so ähnlich wie bei einer Wasserstoffbomben-Explosion war, würde heute bei einer Wiederholung die betroffene Supermacht einen atomaren Vergeltungsschlag auslösen, noch ehe man die wahre Natur der Ereignisse erkannt hätte, und die ganze Erde könnte verwüstet werden.

Allerdings kann ich nicht oft genug wiederholen, daß das Ereignis in Sibirien auch durch etwas anderes als durch ein Schwarzes Zwergloch ausgelöst worden sein kann, daß es Schwarze Zwerglöcher vielleicht gar nicht gibt, und wenn doch, daß die Wahrscheinlichkeit eines Zusammenstoßes mit der Erde viel kleiner ist als die Gefahr, von einem Meteoriten im Schlaf erschlagen zu werden.

Doch – was ist, wenn Schwarze Zwerglöcher doch existieren?

Wir können vielleicht lernen, uns gegen sie zu schützen. Wenn wir irgendwann einmal in der Lage sein sollten, Beobachtungsstationen und Kolonien auf anderen Planeten des Sonnensystems und in künstlichen Weltraumstationen zu errichten, werden wir vielleicht auch in der Lage sein, Schwarze Zwerglöcher in ihrer natürlichen Umgebung zu studieren, ohne die Gefahr einer Kollision mit der Erde heraufzubeschwören.

Wir können sogar davon träumen, daß die Technik einmal so weit fortgeschritten ist, daß sie den Einfang eines Schwarzen Zwerglochs ermöglicht. Immerhin unterliegt es aufgrund seiner Masse ja auch einem fremden Schwerefeld. Man könnte es gerade so weit von seiner Bahn ablenken, daß es an der Erde vorbeifliegt, anstatt mit ihr zusammenzustoßen. Das wäre immerhin ein lohnenswerter Nebeneffekt der Raumfahrt, für den man keine Kosten und Mühen scheuen sollte.

Wer noch weiter in die Zukunft spekuliert und sich fantastischen Träumen nicht verschließt – auch ich gehöre dazu, da ich (wie mancher Leser wissen wird) auch zahlreiche Science-fiction-Romane geschrieben habe –, mag vielleicht sogar hoffen, daß wir nicht allzu weit von einem Schwarzen Loch entfernt sind, wenn auch weit genug, um vor ihm sicher zu sein.

Nach alldem, was wir bislang über Schwarze Löcher erfahren haben, muß ein sol-

ches Objekt ein Tor zu gewaltigen Energievorräten sein. Jeder Körper, der in ein Schwarzes Loch hineinstürzt, wird dabei Unmengen an Strahlung aussenden.
Die Masse eines Körpers ist sein größter Energievorrat, denn jedes Gramm entspricht einer Energie von 25 Millionen Kilowattstunden. Wenn wir Kohle oder Öl verbrennen, wird nur ein winziger Bruchteil der Masse in Energie umgewandelt. Selbst Kernreaktionen setzen lediglich rund ein Promille der Masse in Energie um. Ein Körper dagegen, der auf einer Spiralbahn in ein Schwarzes Loch stürzt oder – unter bestimmten Umständen – es umrundet, ohne hineinzufallen, kann bis zu 30 Prozent seiner Masse in Energie verwandeln.
Und während man nur bestimmte Substanzen verbrennen kann, um Energie zu erhalten, während man nur bestimmte Atomkerne spalten oder verschmelzen kann, ist es für die Energieproduktion im Schwerefeld eines Schwarzen Lochs völlig gleichgültig, aus welchem Stoff der eintauchende Körper besteht. Ein Schwarzes Loch ist gewissermaßen ein »Allesbrenner«, der aus allem und jedem, das über Masse verfügt, Energie herausholt.
Man könnte sich eine weiterentwickelte Zivilisation vorstellen, die einmal in der Lage sein wird, die Energiequelle eines Schwarzen Lochs anzuzapfen. Man könnte beispielsweise Asteroiden in ein solches Schwarzes Loch stürzen lassen, so wie wir einen Ofen mit Kohle heizen. Wenn das möglich wäre, dann besäßen unter den Hunderten oder Tausenden von fortgeschrittenen Zivilisationen (die manche Astronomen in unserer Milchstraße vermuten) jene die größten Energiequellen, die den Schwarzen Löchern am nächsten sind; sie würden ähnlich florieren wie die irdischen Nationen mit den reichsten Energievorräten.
Es muß aber noch einmal betont werden, daß wir wohl kaum je ein großes Schwarzes Loch finden werden, das wir als solchen »Ofen« nutzen können. Auch brauchen wir uns nicht zu sorgen, daß wir uns allzu nahe an einem derartigen Schwarzen Loch befinden, denn je massereicher sie sind, desto seltener dürfen sie auch sein. Vielleicht sollten wir unsere Aufmerksamkeit auf die Möglichkeit richten, die – wenn überhaupt vorhanden – Schwarzen Zwerglöcher als Energiequellen zu nutzen.

Nehmen wir einmal an, wir fänden ein Schwarzes Zwergloch, das unser Sonnensystem durchquert oder – besser noch – auf einer Bahn die Sonne umrundet. Wir könnten es auf jeden Fall durch sein eigenes Schwerefeld einfangen und es gewissermaßen im Kielwasser eines massereicheren Körpers bis zur Erde schleppen, wo es dann in eine Erdumlaufbahn gebracht werden müßte.
Man könnte dann »Pakete« mit gefrorenem Wasserstoff um das Schwarze Zwergloch herumschießen, so daß sie bis nahe an den Schwarzschild-Radius herankommen, ohne ihn zu überqueren. Die Gezeitenkräfte würden dann den Wasserstoff so sehr erhitzen, daß er verschmelzen kann, und so kämen die Pakete mit Helium gefüllt zurück. Ein solches Schwarzes Zwergloch wäre der einfachste und narrensicherste Fusions-Reaktor, den man sich denken kann, und die freigesetzte Energie könnte aufgefangen und zur Erde gesendet werden.

VIII. End- und Anfangsstadien

Das Ende?

Natürlich sind wir neugierig, was mit der Materie geschieht, die in ein Schwarzes Loch stürzt.

Es ist allerdings sehr schwierig, diese Frage zu beantworten. Wir können letztlich nur spekulieren, denn es gibt keine Möglichkeit der Kontrolle, ob etwa die Naturgesetze, die wir in mühevoller Kleinarbeit durch Beobachtungen entschleiert haben, auch unter den extremen Bedingungen in einem Schwarzen Loch noch gültig sind. Wir können diese Zustände im Laboratorium auf der Erde nicht simulieren, und wir können sie auch nicht im Weltraum studieren, weil wir kein Schwarzes Loch in unserer Nähe kennen. Wir können also nur vermuten, daß die Naturgesetze auch im Bereich eines Schwarzen Lochs gültig bleiben, und dann versuchen herauszufinden, was mit der Materie geschehen könnte.

Eines wäre beispielsweise vorstellbar – daß nämlich das Schlimmste *nicht* eintritt oder zumindest nicht beobachtbar ist. Wie sollte Masse bis zum Nullvolumen und zur unendlichen Dichte der Schwarzschild-Singularität zusammengepreßt werden? Dies erscheint so unmöglich, daß wir gleichsam gezwungen sind, nach etwas Ausschau zu halten, das dieses verhindern kann.

Nach der Allgemeinen Relativitätstheorie von Einstein verlangsamt eine zunehmende Intensität der Schwerkraft den Ablauf der Zeit. Allerdings können wir diesen Effekt im Universum nur sehr schwer nachweisen, weil mit Ausnahme von Schwarzen Löchern und Neutronensternen die Himmelskörper keine genügend starken Graviationsfelder besitzen, um eine hinreichend große Zeitverzögerung zu bewirken.

Aufgrund dieses Effektes würde für uns ein Objekt, das in ein Schwarzes Loch stürzt, sich immer langsamer und langsamer bewegen, je näher es an den Schwarzschild-Radius herankommt, bis es schließlich am Schwarzschild-Radius selbst scheinbar innehält. Gleichzeitig wird die Gravitationsrotverschiebung wirksam, die ja auch mit wachsendem Schwerefeld stärker wird. Das Objekt wird also auf seinem Weg zum Schwarzschild-Radius auch immer dunkler und dunkler, bis es

schließlich am Schwarzschild-Radius selbst unsichtbar wird. Wir können deshalb überhaupt keine Materie über den Schwarzschild-Radius hinaus verfolgen.
Stellen wir uns nun einen Astronauten vor, der in ein Schwarzes Loch stürzt und auf irgendeine Weise sein Bewußtsein behält und die Fähigkeit, seine Umwelt aufzunehmen. Für ihn wird die Zeit normal weiterlaufen, da die Verlangsamung nur dem außenstehenden Beobachter erscheint.
Der Astronaut würde auch den Schwarzschild-Radius überqueren, ohne ihn als Grenze zu empfinden, und er würde immer weiter auf die Singularität zufallen. Allerdings dürfte für ihn der Abstand dorthin trotz seines stetigen Fallens immer größer werden, so daß er die Singularität selbst nie erreichen kann. Der Mittelpunkt des Schwarzen Lochs wäre für ihn ein Loch ohne Boden.
Ganz gleich also, ob man von außen oder von innen schaut, ein Objekt, das in ein Schwarzes Loch hineinfällt, erreicht dessen Mittelpunkt nie. Man erkennt kein »Nullvolumen«, keine unendliche Dichte – doch es gibt auch keinen Rückweg. Der Fall ist nicht umkehrbar.
Wollen wir jetzt noch einmal das mögliche Ende des Universums betrachten.
Wenn es wirklich keinen Weg gibt, ein Schwarzes Loch umzukrempeln oder zumindest zu stopfen, dann können bereits existierende Schwarze Löcher nur wachsen, und neue können dazu kommen.
Wenn im Mittelpunkt einer jeden Galaxie und eines jeden Kugelsternhaufens ein Schwarzes Loch steckt, dann wird am Ende (und mag es noch so lange dauern) aus jeder Galaxie ein gewaltiges Schwarzes Loch, das von zahlreichen kleineren Schwarzen Löchern wie von Satelliten umrundet wird.
Zwei Schwarze Löcher können zusammenstoßen und verschmelzen, doch ein Schwarzes Loch kann sich niemals spalten. So können wir uns vorstellen, daß über kurz oder lang die aus den Kugelhaufen entstandenen Schwarzen Löcher auf ihren Umlaufbahnen um das galaktische Schwarze Loch zusammenstoßen und sich zusammenlagern und vielleicht auch von dem großen Loch im Mittelpunkt verschlungen werden, so daß – nach genügend langer Zeit – schließlich nur noch ein Schwarzes Loch von jeder Galaxie übrigbleibt.

Und wenn solche Galaxien in Haufen zusammenstehen und durch Schwerkraftwirkung miteinander verbunden sind, können auch die aus ihnen entstandenen galaktischen Schwarzen Löcher zusammenstoßen und sich vereinen.
Ist es dann denkbar, daß alle Schwarzen Löcher irgendwann einmal zu einem universalen Schwarzen Loch zusammenstürzen?
Nicht unbedingt. Immerhin dehnt sich das Universum ja aus, so daß die Abstände zwischen den einzelnen Galaxien oder Galaxienhaufen immer größer werden. Und nach Ansicht vieler Astronomen setzt sich diese Expansionsbewegung bis in alle Zeiten und über alle Grenzen hinweg fort. Wenn das stimmt, so könnten wir schließlich ein Universum beobachten, in dem Milliarden und Abermilliarden Schwarze Löcher sich immer weiter voneinander entfernen, jedes von ihnen mit der geballten Masse von Milliarden, Billionen oder Billiarden Sternen.
Doch dieses stetige Auseinanderstreben könnte einen Wechsel, eine Veränderung herbeiführen.
Bereits im Jahre 1937 äußerte der englische Physiker Paul Adrien Maurice Dirac (1902–) die aufsehenerregende Vermutung, daß die Intensität der Gravitationskraft von allgemeinen Eigenschaften des Universums abhinge. Je größer beispielsweise die mittlere Dichte im Universum sei, desto stärker müsse auch die Schwerkraft im Verhältnis zu den übrigen Kräften des Universums sein.
Da das Universum sich ausdehnt, nimmt die mittlere Materiedichte ab, je weiter sich die Masse über einen stetig wachsenden Raum verteilt. Nach Diracs Theorie ist die Schwerkraft im Vergleich zu den anderen Kräften nur deshalb so schwach, weil sich das Universum schon beträchtlich ausgedehnt hat. Und mit fortlaufender Expansion wird sie noch schwächer werden.
Diracs Überlegungen konnten bislang nicht durch Beobachtungen bestätigt werden, und viele Physiker nehmen daher an, daß die Gravitationskonstante (die ja gewissermaßen ein Maß für die Stärke der Schwerkraft ist) nicht nur überall im Raum den gleichen Wert hat, sondern darüber hinaus auch mit der Zeit unverändert bleibt. Wenn allerdings die Vorstellung von Dirac sich als wahr erweisen sollte, würde sie das eben beschriebene Bild vom Ende des Universums verändern.

Wenn sich das Universum ausdehnt und damit die Gravitation immer schwächer würde, dann müßten sich auch jene Objekte aufblähen, die in erster Linie durch die Schwerkraft zusammengehalten werden, und ihre Dichte würde abnehmen. Dies würde die Weißen Zwerge einschließen und die Neutronensterne, die bereits entstanden sind, es würde aber auch die Schwarzen Löcher betreffen. Die Objekte würden sich so weit ausdehen und ihre Materie so verändern, daß sie schließlich nur noch durch die elektromagnetische Kraft oder gar nicht mehr zusammengehalten würde. Selbst Schwarze Löcher müßten nach und nach ihre Materie wieder abgeben, so daß am Ende eine riesige, unvorstellbar dünne Wolke aus Gas und Staub das Weltall erfüllen würde, eine Wolke, die mit wachsendem Weltall immer dünner werden müßte.

Wenn diese Theorie richtig wäre, hätten wir also einen gewaltigen, extrem dichten Materieklumpen am Anfang und eine unendlich große dünne Wolke am Ende.

Daraus erhebt sich sogleich die Frage, woher die dichte Materie stammt. Wir brauchen über die Materie als solche nicht nachzudenken, denn Materie ist lediglich eine sehr kompakte Form der Energie, und wir können annehmen, daß die Energie schon immer gewesen ist und immer sein wird – ein Großteil von ihr in Form von Materie. Wie aber wurde die Materie so sehr verdichtet, um als Kosmisches Ei am Anfang des heutigen Universums stehen zu können?

Vielleicht betrachten wir immer nur die eine Hälfte eines Zyklus, wenn wir die Geschichte des Universums vom Kosmischen Ei bis hin zur extrem dünnen Materie verfolgen.

Das Universum könnte ja auch als unvorstellbar große und dünne Gas- und Staubwolke entstanden sein. Langsam, innerhalb vieler Äonen, mag es sich dann zusammengezogen haben und schließlich in einem Kosmischen Ei verdichtet haben, das dann explodierte und sich seither wieder ausdehnt auf dem Wege, den ursprünglichen Zustand wiederherzustellen. Wir leben dann gerade in der Zeit »kurz« nach der Explosion.

Doch irgendwie ist dieser Gedanke an ein »Einmal«-Universum unbefriedigend. Wenn weitverteilte Materie sich zu Beginn verdichten und zu einem Kosmischen

Ei verschmelzen konnte, warum sollte sich nicht auch die weitverteilte Materie am Ende erneut verdichten können, zu einem zweiten Kosmischen Ei zusammenfallen? Warum sollte nicht auch ein Universum mit weitverteilten Schwarzen Löchern derart zusammenstürzen können, um dann wie ein Phoenix aus der Asche erneut zu erstehen?

Warum sollte dies sich nicht immer und immer wiederholen können? Warum sollte das Universum nicht pulsieren?

Astronomen haben nachgerechnet, welche Voraussetzungen erfüllt sein müssen, um ein *oszillierendes* oder pulsierendes Weltall zu ermöglichen. Die Zukunft des Universums hängt von einer Größe ab, die mit der Entweichgeschwindigkeit verglichen werden kann. Es gibt eine wohldefinierte Gravitationswechselwirkung zwischen den Objekten im Weltall, und für diese Gravitationskraft können wir eine Entweichgeschwindigkeit bestimmen. Wenn sich das Universum mit einer Geschwindigkeit ausdehnt, die größer ist als diese Entweichgeschwindigkeit, dann wird die Expansion für immer weiter gehen und eine erneute Kontraktion bleibt unvorstellbar. Ist dagegen die Expansionsgeschwindigkeit kleiner als die Entweichgeschwindigkeit, dann muß die gegenwärtige Ausdehnung des Universums allmählich zum Erliegen kommen und sich eine Kontraktion anschließen.

Aber ist die derzeit beobachtete Expansionsgeschwindigkeit größer oder kleiner als die Entweichgeschwindigkeit? Das hängt von der Größe der Expansionsgeschwindigkeit ab, die wiederum von der Gesamt-Anziehungskraft abhängt, die ihrerseits von der mittleren Dichte im Weltall bestimmt wird.

Je größer die mittlere Materiedichte im Universum ist, desto größer ist die Gravitationswechselwirkung zwischen den Galaxien, desto größer auch die Entweichgeschwindigkeit – und desto größer schließlich die Wahrscheinlichkeit, daß die gegenwärtige Expansionsgeschwindigkeit geringer als die Entweichgeschwindigkeit ist, daß wir also ein oszillierendes, in sich »geschlossenes« Weltall haben.

Es ist jedoch sehr schwierig, die mittlere Dichte des Universums zu bestimmen, weil wir kaum die Gesamtmasse eines ausreichend großen Repräsentativteils des Weltalls messen können. Unter Berücksichtigung der besten vorliegenden Schätzungen sind einige Astronomen davon überzeugt, daß die mittlere Dichte nur etwa 1 Prozent des erforderlichen Mindestwertes erreicht, um ein oszillierendes Weltall zu ermöglichen. Das aber hieße, daß das Weltall »offen« und dem Schicksal einer fortgesetzten Expansion ausgesetzt ist. Wenn die Gravitationskraft mit wachsender Expansion abnehmen sollte, wäre sogar noch eine größere mittlere Dichte erforderlich, um die Ausdehnung abzubremsen und in eine Kontraktionsbewegung umzuwandeln.

Doch obwohl die Argumente gegen ein geschlossenes und oszillierendes Weltall zu sprechen scheinen, fällt es schwer, an ihre Endgültigkeit zu glauben. Galaxienhaufen beispielsweise, die anscheinend durch die Gravitationswechselwirkung untereinander zusammengehalten werden, haben offenbar gar nicht genügend Masse, um diese Anziehungskraft zu ermöglichen. Sie müßten eigentlich aufgrund der allgemeinen Expansionsbewegung auseinandertreiben, und doch sieht es so aus, als blieben sie zusammen. Wir nennen dies das Problem der »fehlenden Masse«.

Könnte diese fehlende Masse vielleicht in Schwarzen Löchern vereint sein? Wir wissen zu wenig darüber, wieviel Masse in den Schwarzen Löchern der unterschiedlichsten Größen konzentriert sein kann. Es ist jedoch unwahrscheinlich, daß Schwarze Löcher insgesamt hundertmal mehr Masse enthalten sollen als die sichtbaren Objekte im Universum. Doch befinden wir uns hier hart an der Grenze dessen, was wir eben noch beobachten und durchdenken können, und wir können es uns nicht leisten, zu sehr von der einen oder anderen Möglichkeit überzeugt zu sein.

Die Beweise *scheinen* für ein offenes Universum zu sprechen, das sich immer weiter ausdehnt, doch es *könnte* sein, daß wir in den Schwarzen Löchern genug Materie fänden, um ein geschlossenes Weltall und damit letztlich ein oszillierendes Universum zu erwarten.

Wurmlöcher und Weiße Löcher

Das Unbehagen der Astronomen über ein offenes, fortgesetzt expandierendes Universum, das nur einmal beginnt und nie endet, ist so groß, daß sie sich drehen und wenden, um einen Ausweg zu finden.
Schon 1948 versuchten die englischen Astronomen Fred Hoyle und Hermann Bondi zusammen mit Thomas Gold einen Ausbruch mit dem Vorschlag, Materie würde ständig neu geschaffen. Der Gedanke war, daß kontinuierlich neue Materie aus dem Nichts entstünde, mal hier ein Atom, mal dort, so langsam jedenfalls, daß wir nichts davon erkennen könnten.
Dieser »Nachschub« würde jedoch reichen, die bei der Expansion entstehenden »Leerräume« zu füllen und immer neue Galaxien entstehen zu lassen, so daß trotz der Expansion die mittlere Dichte im Universum konstant bliebe. Das Universum wäre dann eine bunte Mischung von Galaxien aller Altersstufen, von den jüngsten, gerade entstandenen, über die stabilen bis hin zu jenen, die die Endphase ihrer Entwicklung erreicht haben. Das Weltall wäre unendlich groß und würde über alle Zeiten hinweg fortbestehen. Sterne und Galaxien könnten neu hinzukommen und wieder vergehen, doch das Universum als Ganzes wäre »ewig«, ohne Anfang und Ende.
Dies ist zweifellos eine verlockende Theorie, doch gab es von vornherein keinerlei Beobachtungshinweise, die für ihre Richtigkeit sprachen, und man hat bislang auch keine gefunden. Im Gegenteil, man stieß statt dessen auf etwas, das eindeutig dagegen sprach. Wenn das Universum wirklich durch kontinuierliche Neuschöpfung lebendig erhalten würde, dann hätte es nie einen Big Bang gegeben. Daher mußte jeder Beweis für einen solchen Big Bang am Anfang des Universums die Theorie der kontinuierlichen Neuschöpfung vom Tisch wischen.
1964 wies der amerikanische Physiker Robert Henry Dicke (1916–) darauf hin, daß ein Big Bang vor 15 Milliarden Jahren Spuren hinterlassen haben müßte, die heute noch lesbar sein dürften.
Die energiereiche Strahlung, die zusammen mit dem Big Bang aufgrund der hohen

Temperatur aufgetreten sein muß, hat natürlich inzwischen längst eine Verschiebung zu größeren Wellenlängen erfahren; sie müßte heute im Bereich der Radiowellen nachweisbar sein. Und da die Materie durch den Big Bang in alle Richtungen verstreut wurde, muß auch diese Reststrahlung aus allen Teilen des Himmels uns erreichen. Es muß eine sogenannte *Hintergrundstrahlung* sein.

Ein Jahr später, 1965, fanden zwei Wissenschaftler der Bell Telephone Laboratories in den Vereinigten Staaten, Arno A. Penzias und Robert W. Wilson, eine solche, wenn auch sehr schwache Hintergrundstrahlung, die genau die von Dicke vorhergesagten Eigenschaften aufwies (für diese Entdeckung erhielten sie 1978 den Physik-Nobelpreis). Das »Echo« des Big Bang war gefunden, und die Theorie der kontinuierlichen Neuschöpfung hatte (zumindest bis heute) verloren.

Dieser Ausweg aus einem offenen Universum hatte sich als Sackgasse erwiesen. Doch es gibt andere, und um sie kennenzulernen, müssen wir zu den Schwarzen Löchern zurückkehren.

Bislang haben wir über Schwarze Löcher gesprochen und dabei nur ihre Masse berücksichtigt. Die Art der Materie ist dabei völlig unwichtig. Egal, ob ein Kilogramm Platin, ein Kilogramm Wasserstoff oder ein Kilogramm lebenden Gewebes – wenn man es in ein Schwarzes Loch wirft, kommt dort ein Kilogramm »Masse« an, das nichts mehr von seiner ursprünglichen Struktur enthält.

Es gibt aber noch zwei andere Eigenschaften (und nur diese zwei anderen), die ein Schwarzes Loch haben kann: elektrische Ladung und Drehimpuls. Das heißt also, jedes Schwarze Loch kann vollkommen beschrieben werden, wenn wir seine Masse, seine elektrische Ladung und seinen Drehimpuls kennen. Natürlich können elektrische Ladung und Drehimpuls gleich Null sein, und es ist immer noch ein Schwarzes Loch; insofern ist die Masse den beiden anderen Eigenschaften »übergeordnet«, denn wenn die Masse Null ist, dann ist das Objekt kein Schwarzes Loch.

Eine elektrische Ladung kann ein Schwarzes Loch nur dann besitzen, wenn die Masse, aus der es entstanden ist, oder die Masse, die nachträglich auf das Schwarze Loch stürzt, eine elektrische Gesamtladung gehabt hat. Da jedoch in normaler Materie die elektrischen Ladungsträger, Protonen und Elektronen, für gewöhnlich gleich häufig sind, ist die Gesamtladung eines Masseklumpens in der Regel Null. Entsprechend sollten die Schwarzen Löcher über keine elektrische Ladung verfügen. Anders ist es beim Drehimpuls. Hier ist die Situation eher umgekehrt, und man kann daher erwarten, daß Schwarze Löcher über beachtliche Drehimpulse verfügen.

Der Drehimpuls ist eine Eigenschaft eines jeden Körpers, der sich um seine Achse dreht oder um einen außerhalb des Zentrums gelegenen Schwerpunkt bewegt. Er hängt sowohl von der Drehgeschwindigkeit ab als auch von der Masseverteilung, vom Abstand der einzelnen Bestandteile zur jeweiligen Drehachse. Der Gesamtdrehimpuls in einem sogenannten abgeschlossenen System, auf das also keine äußere Kraft wirkt, bleibt erhalten – er kann weder abnehmen noch größer werden.

Wenn also der Abstand der bewegten Masse von der Drehachse zunimmt, muß die Drehgeschwindigkeit zurückgehen, und umgekehrt. Ein Eisläufer macht von diesem Naturgesetz Gebrauch, wenn er eine Pirouette mit ausgestreckten Armen beginnt. Er zieht dann seine Arme an den Körper heran, verkleinert somit den Abstand dieser bewegten Masse zur Drehachse, und sogleich wird seine Drehgeschwindigkeit größer. Wenn er am Ende seine Arme wieder ausstreckt, bremst er die Bewegung ab.

Jeder Stern dreht sich, so weit wir wissen, um seine Achse und verfügt daher über einen großen Drehimpuls. Wenn ein Stern zusammenstürzt, also den Abstand der Masse von der Drehachse verkleinert, muß die Drehgeschwindigkeit zunehmen. Je weiter der Kollaps geht, desto größer ist der Zuwachs an Drehbewegung. Ein gerade entstandener Neutronenstern kann sich bis zu tausendmal um seine Achse drehen. Schwarze Löcher müssen noch schneller rotieren. Es gibt jedenfalls nichts, was das verhindern könnte.

Wir können also sagen, daß jedes Schwarze Loch Masse und Drehimpuls besitzt. Die mathematischen Berechnungen von Schwarzschild betrafen nur ein nichtrotierendes Schwarzes Loch. Erst 1963 entwickelte der Astronom Roy P. Kerr eine Lösung der Gleichungen für rotierende Schwarze Löcher.

Auch bei rotierenden Schwarzen Löchern existiert noch der Schwarzschild-Radius, doch weiter außen gibt es eine *stationäre Grenze*, die eine Art Äquatorbuckel um das Schwarze Loch bildet, gerade so, als würde es durch die Zentrifugalkraft abgeplattet.

Wenn ein Körper diese stationäre Grenze überschreitet, aber noch außerhalb des Schwarzschild-Radius bleibt, so ist er »halbgefangen«. Er kann dem Schwarzen Loch unter bestimmten Voraussetzungen noch entkommen: Wenn er sich in Drehrichtung des Schwarzen Lochs um dieses herumbewegt, so wird er vom Schwarzen Loch wie ein Stein in einer Schleuder herumgewirbelt und wieder über die stationäre Grenze zurückgeworfen; er hat dann mehr Energie als beim Eintritt. Dieser Energiegewinn geht zu Lasten der Drehbewegung des Schwarzen Lochs. Mit anderen Worten: Es wird Drehimpuls vom Schwarzen Loch auf den Körper übertragen und von diesem nach außen abtransportiert – das Schwarze Loch dreht sich langsamer.

Theoretisch können bis zu 30 Prozent der Gesamtenergie eines Schwarzen Lochs abgeführt werden, wenn man gezielt Objekte über die stationäre Grenze schickt, sie vom Schwarzen Loch beschleunigen läßt und sie dann am »Ausgang« wieder abfängt. Dies ist eine zweite Methode, nach der fortgeschrittenen Zivilisationen ein Schwarzes Loch als Energiequelle nutzen könnten. (Nicht alle Astronomen sind jedoch mit dieser Überlegung einverstanden: allerdings gibt es kaum einen Gedanken im Zusammenhang mit Schwarzen Löchern, der nicht von anderen Astronomen abgelehnt wird. Wir befinden uns hier am Ende unseres Wissens, schon weit jenseits aller Erfahrung, und hier wird alles unsicher und vage.)

Wenn auf diese Weise die Rotationsenergie des Schwarzen Lochs »zurückgewonnen« ist, hat das Schwarze Loch nur noch Masse; die stationäre Grenze fällt mit dem Schwarzschild-Radius zusammen, und das Schwarze Loch wird »tot« genannt, weil man keine weitere Energie mehr von ihm direkt beziehen kann (nur Materie, die in das Schwarze Loch stürzt, sendet dann noch Energie aus).

Das Ende, das Kerr für die Materie »voraussagt«, die in das Schwarze Loch hineinstürzt, ist noch exotischer als die Möglichkeit, Energie aus einem Schwarzen Loch durch Ausnutzung seiner Drehbewegung zu gewinnen. Schon Einstein und einer seiner Mitarbeiter, Nathan Rosen, haben 30 Jahre früher diese Alternative geahnt.

Die Materie, die in ein rotierendes Schwarzes Loch stürzt, kann – nach Kerrs Theorie – an einer anderen Stelle wieder austreten ähnlich wie Zahnpasta, die aus einem winzigen Loch hervorquillt, wenn man die Tube unter eine Dampfwalze legt. (Auch diese Möglichkeit wird von einigen Astronomen bezweifelt).

Der Massetransport kann möglicherweise über große Distanzen gehen – Millionen oder Milliarden von Lichtjahren –, und das innerhalb eines Augenblicks. Natürlich kann dieser Transport nicht auf dem normalen Weg ablaufen, weil die Lichtgeschwindigkeit für Masseteilchen eine obere Grenze ist. Um Masse über eine Entfernung von Millionen oder Milliarden Lichtjahren zu verschicken, bedürfte es auf dem gewöhnlichen Weg Millionen oder Milliarden von Jahren.

Man muß daher annehmen, daß der Transport durch Tunnel oder über Brücken geht, die – vereinfacht gesagt – eine andere Zeitstruktur besitzen als unser Universum. Diese »Blitzwege« werden manchmal *Einstein-Rosen-Brücken* oder – nicht minder treffend – *Wurmlöcher* genannt.

Wenn Masse durch ein solches Wurmloch dringt und in einer Entfernung von einer Milliarde Lichtjahre wieder auftaucht, dann muß irgend etwas diesen großen Raumsprung ausgleichen. Wahrscheinlich wird dieser unmöglich schnelle Massetransport durch einen Zeitsprung kompensiert, so daß die Masse bereits eine Milliarde Jahre vorher auftaucht.

Wenn die Materie am anderen Ende des Wurmlochs wieder austritt, wird sie plötzlich expandieren und wieder zu »normalen« Zuständen zurückkehren – ein Vorgang, der eine gewaltige Energie freisetzen muß, jene Energie nämlich, die im Schwarzen Loch gebunden war. Ein solches Gebilde wird Weißes Loch genannt, ein Begriff, der in der Theorie zum ersten Mal im Jahre 1964 auftauchte.

Wenn die Theorie stimmen sollte, müßten wir zumindest einige Weiße Löcher beobachten können.

Das hängt natürlich von der Größe des Weißen Lochs ab und von seiner Entfer-

nung zu uns. Vielleicht führen Schwarze Zwerglöcher zu Weißen Zwerglöchern in großen Entfernungen, so daß wir sie nie nachweisen könnten. Große Schwarze Löcher könnten große Weiße Löcher bilden, die wir dann auch aufspüren können müßten. Gibt es also irgendwelche Hinweise auf Weiße Löcher?
Vielleicht –

Quasare

In den 50er Jahren waren Radioquellen entdeckt worden, die sich bei genauerer Untersuchung als recht kompakt erwiesen. Die Radiowellen schienen von punktförmigen Objekten am Himmel zu kommen. Damit unterschieden sie sich deutlich von den sonstigen damals bekannten Radioquellen, bei denen es sich um Gas- und Staubwolken innerhalb unserer Milchstraße oder um ferne Galaxien handelte, auf jeden Fall aber um Objekte, die am Himmel flächenhaft erschienen.
Von diesen kompakten Radioquellen waren einige unter den Bezeichnungen 3C48, 3C147, 3C196, 3C273 und 3C286 bekannt geworden (inzwischen kennt man viel mehr); dabei steht das *3C* als Abkürzung für den *3. Cambridge Katalog der Radiosterne*, eine Liste, die von dem englischen Radioastronomen Martin Ryle (1918–) zusammengestellt worden war.
Im Jahre 1960 untersuchte der amerikanische Astronom Allan Rex Sandage (1926–) die Stellen am Himmel, an denen die kompakten Radioquellen gefunden worden waren, und er stieß dabei jedesmal auf ein Objekt, das wie ein schwach leuchtender Stern aussah. Es schien jedoch, als könne es sich nicht um normale Sterne handeln: Einige sahen aus, als wären sie von kaum sichtbaren Gas- und Staubwolken eingehüllt, und von einem 3C273, ging sogar offenbar ein dünner Materiestrahl aus. Es stellte sich heraus, daß 3C273 eine zweifache Radioquelle war; Radiowellen kamen von dem »Stern« und aus dem Materiestrahl.
Es gab daher einige Bedenken, diese Objekte Sterne zu nennen, und so wurden sie als quasistellare (sternähnliche) Radioquellen bezeichnet. 1964 verwendete Hong-Yee Chiu erstmals die Abkürzung *Quasar;* sie hat sich bis heute gehalten.

Spektren dieser Quasare wurden gleich im Jahre 1960 gewonnen, doch zeigten sie ein Linienmuster, das vollkommen fremd war, gerade so, als bestünden die Quasare aus völlig andersartiger Materie. Erst 1963 konnte der niederländisch-amerikanische Astronom Maarten Schmidt (1929–) das Rätsel lösen. Er fand, daß die Linien völlig normal wären, wenn sie weit im ultravioletten Licht beobachtet worden wären. Ihr Auftauchen im Bereich des sichtbaren Lichts war lediglich auf eine große Rotverschiebung zurückzuführen.
Die einfachste Erklärung dafür wäre eine große Entfernung der Quasare. Aufgrund der allgemeinen Expansion des Weltalls entfernen sich ja alle Milchstraßen voneinander und von uns. Weit entfernte Objekte weisen daher eine deutliche Rotverschiebung auf, wie es von sich entfernenden Strahlungsquellen »erwartet« wird. Hinzu kommt, daß die Fluchtgeschwindigkeit um so größer ist, je weiter das Objekt von uns entfernt steht, und entsprechend größer ist auch die Rotverschiebung. Man kann also aus der Rotverschiebung der Spektrallinien die Entfernung der einzelnen Objekte ableiten.
Es zeigte sich, daß die Quasare Milliarden von Lichtjahren entfernt sein mußten. Einer von ihnen, OQ 172, steht in rund 12 Milliarden Lichtjahren Distanz, und selbst bis zum nächstgelegenen Quasar, 3C273, ist es mehr als 1 Milliarde Lichtjahre weit, weiter als zu jedem »normalen« Objekt am Himmel, das wir kennen. Man schätzt, daß es etwa 15 Millionen Quasare im Universum gibt.
Ein Quasar ist ein sehr lichtschwaches Objekt, doch weil er über so unvorstellbar große Distanzen zu erkennen ist, muß er in Wirklichkeit extrem leuchtkräftig sein. 3C273 gibt beispielsweise fünfmal mehr Strahlung ab als unsere gesamte Milchstraße, und es gibt Quasare, die hundertmal soviel Energie abstrahlen wie eine durchschnittliche Galaxie.
Wären Quasare einfach Galaxien mit entsprechend vielen Sternen, so brauchten wir uns gar nicht über sie zu wundern. Allerdings müßten sie dann aufgrund ihrer Größe trotz der Entfernung am Himmel als winzige Fleckchen erkennbar werden. Statt dessen erscheinen sie jedoch punktförmig. Quasare scheinen also ungeachtet ihrer enormen Helligkeit viel kompakter zu sein als normale Milchstraßen.

Schon 1963 fiel auf, daß die Quasarstrahlung veränderlich ist, sowohl im Bereich des sichtbaren Lichts als auch im Bereich der Radiowellen. Helligkeitsschwankungen um den Faktor 15 konnten innerhalb einiger Jahre festgestellt werden.
Damit sich die ausgesandte Strahlung so rasch verändern kann, muß der aussendende Körper selbst klein sein. Veränderungen solchen Ausmaßes sind nämlich nur denkbar, wenn die gesamte Strahlungsquelle betroffen ist. Das auslösende Signal muß sich innerhalb des Zeitraums einer Helligkeitsschwankung über den ganzen Körper ausbreiten können. Da aber nichts schneller als Licht vorankommt, heißt das, daß ein Quasar, dessen Helligkeit im Verlaufe einiger Jahre so starken Veränderungen unterworfen ist, nicht größer als rund ein Lichtjahr sein kann, eher kleiner.
Eines dieser Objekte, 3C446, kann seine Helligkeit innerhalb weniger Tage verdoppeln. Es kann daher nicht größer als 0,005 Lichtjahre sein oder etwa 50 Milliarden Kilometer; das ist rund viermal soviel wie der Durchmesser der Plutobahn. Man vergleiche das einmal mit einer normalen Galaxie, die vielleicht 100000 Lichtjahre im Durchmesser mißt und deren Kern immer noch einen Radius von 5000 bis 7000 Lichtjahren haben mag.
Diese Verbindung von extrem kleinen Ausmaßen und ungewöhnlich großer Leuchtkraft läßt die Quasare als eine Klasse erscheinen, die sich von allen anderen bekannten Objekten völlig unterscheidet. Ihre Entdeckung machte den Astronomen wieder einmal deutlich, daß es im Weltall noch immer unbekannte Objekte auch größerer Natur geben kann und regte sie an, solche Erscheinungsformen genauer zu studieren, einschließlich der Schwarzen Löcher.
Es ist immerhin denkbar, daß es einen Zusammenhang zwischen Schwarzen Löchern und Quasaren gibt. Der sowjetische Astronom Igor Novikov und sein israelischer Kollege Yuval Ne'eman (1925–) haben versucht, die Quasare als riesige Weiße Löcher am einen Ende der Wurmlöcher zu erklären, an deren anderen Endpunkten irgendwo anders im Weltraum Schwarze Löcher stünden. Dies ist natürlich reine Spekulation wie auch ein Großteil der noch folgenden Gedanken – einige davon stammen von mir.

Aber wollen wir die Quasare doch einmal unter einem anderen Blickwinkel betrachten. Sind sie wirklich einzigartig, oder handelt es sich lediglich um ungewöhnliche Beispiele vertrauterer Objekte?
Im Jahre 1943 beschrieb Carl Seyfert eine ungewöhnliche Galaxie. Es hat sich inzwischen herausgestellt, daß es eine ganze Gruppe solcher Milchstraßen gibt, die seither *Seyfert-Galaxien* genannt werden. Man schätzt ihre Zahl auf etwa eine Milliarde oder rund 1 Prozent der Milchstraße im Universum, obwohl erst ein Dutzend gefunden wurden.
Fast in jeder Hinsicht erscheinen die Seyfert-Galaxien als normale, nicht allzu weit entfernte Milchstraßen. Allerdings haben sie sehr kompakte und helle Kerne, die ungewöhnlich heiß und aktiv zu sein scheinen – genau wie Quasare. Auch sie zeigen Veränderungen in der Strahlungsintensität, die darauf hindeuten, daß die Kernregionen, von denen die Radiostrahlung ausgeht, nicht größer sein können als die Quasare. Der Kern der Seyfert-Galaxie 3C120 besitzt nicht einmal ein Achtel der Milchstraßengröße, leuchtet aber mehr als dreimal so hell wie der Rest dieser Galaxie.
Das helle, aktive Zentrum einer Seyfert-Galaxie ist natürlich über größere Entfernungen zu beobachten als ihre lichtschwächeren Randzonen, und wenn ein solches Objekt weit genug entfernt wäre, könnte man allenfalls noch die Kernregion erkennen. Wir würden sie dann als Quasar ansehen. Quasare könnten also einfach die Kernregionen besonders leuchtstarker, weit entfernter Seyfert-Galaxien sein.
Doch schauen wir uns die Bedingungen im Kern einer Seyfert-Galaxie einmal genauer an. Er ist sehr kompakt, sehr heiß und sehr aktiv. Die Seyfert-Galaxie NGC 4151 mag in ihrem Kern rund 10 Milliarden Sterne in einem Raum von 12 Lichtjahren Durchmesser enthalten. Das sind genau die Bedingungen, die eine Entwicklung von Schwarzen Löchern begünstigen. Vielleicht sind die Bedingungen für die Entstehung eines Weißen Lochs ähnlich – vielleicht also können wir sagen, daß dort, wo die Voraussetzungen für ein Schwarzes Loch gegeben sind, auch ein Weißes Loch »aufbrechen« könnte.
Stellen wir uns einmal vor, daß hier und dort Schwarze Löcher im Universum ent-

stehen. Sie alle führen zu einer »Verspannung« der ansonsten »glatten Struktur« des Raumes. Wurmlöcher bilden sich, und die Materie kann entweichen – wenig im Verhältnis zur Gesamtmaterie in einem Schwarzen Loch, aber genug, um in einigen Fällen enorme Mengen an Strahlung freizusetzen. Die Materieströme können dabei aus Gründen, die wir bis jetzt noch nicht kennen, variieren, und dies könnte dann zu den Helligkeitsschwankungen bei den Quasaren führen.
Es mag viele Weiße Löcher unterschiedlicher Größe geben, jedes von ihnen verbunden mit »seinem« Schwarzen Loch (das ja auch in allen Größen auftreten kann), und wir sehen lediglich die Riesenexemplare. Es könnte sein, daß die Wurmlöcher zwischen Schwarzen und Weißen Löchern das Universum wie ein dichtes Netzwerk durchziehen.
Dieser Gedanke hat die Vorstellungskraft einiger Astronomen angeregt. Zu ihnen gehört Carl Sagan (1934–). Es ist zwar nach unserem Kenntnisstand absolut unmöglich, daß ein Stück Materie seinen inneren Aufbau beibehalten kann, wenn es in ein Schwarzes Loch stürzt, durch das Wurmloch dringt und schließlich am anderen Ende von dem Weißen Loch wieder »ausgespuckt« wird, doch läßt sich Sagan davon in seinen Spekulationen nicht bremsen.
Schließlich können auch wir heute Dinge, die für unsere Vorfahren undenkbar waren, meint Sagan, und er fragt sich daher, ob es einer weiter entwickelten Zivilisation vielleicht möglich sein könnte, Schwerkraft und Gezeitenkräfte abzuschirmen, so daß ein Raumschiff die Vorteile eines Wurmlochs nutzen und riesige Distanzen innerhalb eines Augenblicks überbrücken könnte.
Folgen wir doch einmal dem Gedanken und stellen uns vor, es gäbe eine Zivilisation, die diese Technik beherrscht und bereits eine genaue Karte aller Wurmlöcher mit ihren Schwarzen Löchern als Eingängen und den Weißen Löchern als Ausgängen besitzt. Die kleineren Wurmlöcher wären natürlich zahlreicher und damit auch nützlicher.
Stellen wir uns weiter vor, ein kosmisches Reich würde durch diese Wurmlöcher miteinander verknüpft. Bewohnte Zentren müßten sich dann in der Nähe der Ein- und Ausgänge befinden. Natürlich ist ein Kreuzungspunkt ein bevorzugter Platz;

auch bei uns entstanden die großen Städte an wichtigen Wegkreuzungen, wo sie rasch zu Verkehrsknotenpunkte heranwuchsen.
Die Planeten in der Umgebung der »Tunnelöffnungen« müßten natürlich weit genug von diesen entfernt sein, doch kann man ja Raumstationen bauen, die als »Start- und Landeplatz« näher an den Ein- und Ausgängen stationiert sind; sie könnten gleichzeitig die Energieversorgung der »Heimatplaneten« sicherstellen.
Doch wie weit berührt die Wurmloch-Theorie die Vergangenheit und Zukunft des Universums?
Ist es denkbar, daß die Expansion des Weltalls durch Materie, die mit Hilfe der Wurmlöcher in die Vergangenheit transportiert wird, ausgeglichen wird?
All die Quasare, die wir bislang beobachtet haben, sind Milliarden von Lichtjahren von uns entfernt, und wir sehen sie deshalb in einem Zustand, den sie vor eben diese Milliarden von Jahren innehatten. Sie sind gewissermaßen in großen Entfernungen und in entsprechend weit zurückliegender Vergangenheit konzentriert. Wären sie gleichmäßig über Raum und Zeit verteilt, so müßte es einige hundert Quasare geben, die heller und näher sind als 3C273, der nächste und hellste Quasar. 1978 fanden amerikanische Astronomen im Sternbild Perseus einen Quasar, der nur rund 800 Millionen Lichtjahre entfernt steht.
Haben wir also doch ein ewiges Universum mit einer – wenn auch etwas anders gearteten – kontinuierlichen »Neuschöpfung?«
Hat sich das Universum vielleicht schon seit ungezählten Äonen schon immer in alle Richtungen ausgedehnt, ohne je über die heutige Grenze hinaus vorgedrungen zu sein, weil die Wurmlöcher eine Art geschlossenen Materiekreislauf ermöglichen, indem sie Materie immer wieder in die Vergangenheit zurückschicken, in ein Universum also, das noch stärker verdichtet war und das sich noch weiter ausdehen kann?
War das Universum am Anfang wirklich einmal auf engstem Raum zusammengedrängt und hat es wirklich einen Big Bang gegeben, oder glauben wir das nur, weil wir lediglich die eine Hälfte des Zyklus beobachten, ohne den zweiten Teil zu sehen, bei dem die Materie durch die Wurmlöcher zurückströmt?

Aber wenn es keinen Big Bang gegeben hat, wie könnten wir dann die Hintergrundstrahlung deuten, die wir jetzt als Echo der Explosion am Anfang verstehen? Ist diese Strahlung vielleicht die Folge des stetigen Masserückflusses in die Vergangenheit? Sind die Weißen Löcher, sind die Quasare vielleicht lauter »kleine Bangs«, kleine Explosionen, deren Strahlung zusammengenommen einen Big Bang vortäuscht?

Und wenn dies alles so wäre, welche Energie würde dann das Universum zu diesem endlosen Kreisprozeß, zu diesem »Recycling« antreiben? Wenn das Universum wie die Spannfeder beim Wecker abläuft, wenn es expandiert (die Physiker nennen diesen Prozeß eine *Zunahme der Entropie*), wird es dann durch den Rückstrom der Materie wieder »aufgezogen« *(Abnahme der Entropie)*? Es gibt zur Zeit keine Antworten auf irgendeine dieser Fragen. Alles bleibt reine Spekulation, selbst die Existenz von Weißen Löchern und Wurmlöchern.

Das kosmische Ei

Es darf nicht verschwiegen werden, daß die Vorstellung eines beständig »zurückströmenden« Universums auf sehr schwachen Beinen steht. Wenn wir sie allerdings fallenlassen müssen, bleiben wir mit dem Big Bang zurück, sei es als einmaliges Ereignis, wenn wir in einem offenen Universum leben, oder als immer wiederkehrender Vorgang, wenn das Universum geschlossen ist und oszilliert. In beiden Fällen gibt es ein Problem. Was nämlich hat es mit dem kosmischen Ei auf sich?

Als das kosmische Ei zum ersten Mal in der Theorie auftauchte, stellte man es sich ähnlich vor wie wir uns heute einen Neutronenstern. Allerdings wäre ein solcher Materieklumpen, der ja immerhin die Masse von vielleicht 100 Milliarden Galaxien in sich vereinen müßte, für einen Neutronenstern viel zu groß. Wenn es stimmt, daß jedes Objekt mit mehr als 3,2 Sonnenmassen beim Zusammensturz ein Schwarzes Loch formen muß, dann war das kosmische Ei das größte vorstellbare Schwarze Loch überhaupt.

Wie aber kann es dann explodiert sein und den Big Bang ausgelöst haben? Schwarze Löcher explodieren nicht.

Denken wir einmal an ein Universum, das sich zusammenzieht und in dem bei dieser Kontraktion Schwarze Löcher aller Größen entstehen. Die einzelnen Schwarzen Löcher mögen zwar einen Teil ihrer Masse durch Wurmlöcher »nach außen« exportieren, doch würde diese Ausdünnung die allgemeine Kontraktion nicht aufhalten können (andernfalls gäbe es heute weder ein expandierendes Universum noch uns selbst).

Je weiter das Universum sich verdichtet, desto mehr Schwarze Löcher entstehen aus »normaler« Materie, und immer mehr dieser Schwarzen Löcher können zusammenstoßen und verschmelzen. Irgendwann würden dann alle Schwarzen Löcher in dem kosmischen Ei vereint sein. Dieses nun verliert durch sein Wurmloch soviel Materie, daß es am anderen Ende ein unvorstellbar großes Weißes Loch produziert. Es wäre dann dieses Weiße Loch, das den Big Bang ausgelöst hat und unser heutiges Weltall hat entstehen lassen. Diese Hypothese ist unabhängig von einem offenen oder geschlossenen Universum, von einem einmaligen oder wiederholten kosmischen Ei.

Allerdings ist diese Hypothese nur dann eine Lösung, wenn es Wurmlöcher und Weiße Löcher wirklich gibt. Das aber wiederum ist ungewiß. Und selbst wenn sie existieren, würde die Hypothese nur stimmen können, wenn das kosmische Ei rotiert. Aber hat es rotiert?

Sicher gibt es einen Drehimpuls im Universum, aber er könnte trotz des Drehimpulserhaltungssatzes entstanden sein, wo er vorher nicht existierte.

Dies ist möglich, weil es zwei »Arten« von Drehimpuls gibt, die einander entgegengerichtet sind. Ein Objekt kann sich entweder im Uhrzeigersinn drehen oder in umgekehrter Richtung. Wenn nun zwei Objekte mit gleichem Betrag des Drehimpulses, aber umgekehrter Drehrichtung, zusammenstoßen und sich vereinen, wird das Endprodukt keinen Drehimpuls mehr haben; die in der Drehbewegung enthaltene Energie wird in Hitze umgewandelt worden sein.

Umgekehrt kann ein Objekt mit Drehimpuls Null unter Zugabe hinreichend großer Energien in zwei Bruchstücke gespalten werden, von denen eines einen positiven Drehimpuls besitzt (im Uhrzeigersinn), das andere einen negativen (gegen den Uhrzeigersinn).

Alle Objekte im Universum dürften einen Drehimpuls haben, doch es ist wahrscheinlich, daß ein Teil von ihnen positiven Drehimpuls hat, ein anderer Teil negativen. Wir können nicht herausfinden, ob es mehr vom einen oder vom anderen Drehimpuls gibt. Wenn es aber eine solche Ungleichheit in der Verteilung des Drehimpulses gibt, dann muß ein kosmisches Ei, das aus der Kontraktion eines solchen Universums entsteht, auch einen Drehimpuls haben; er wäre so groß wie die Differenz zwischen den beiden Drehimpulsen.

Wenn jedoch die Anteile an positivem und negativem Drehimpuls gleich groß sind, dann kann auch das kosmische Ei keinen Drehimpuls haben, und es wird »leblos« bleiben. In diesem Fall helfen uns auch die Wurmlöcher und Weißen Löcher nicht bei der Erklärung des Big Bang.

Aber was bleibt dann noch übrig?

Es gibt nicht nur zweierlei Drehimpulse, sondern auch zweierlei Materie.

Ein Elektron wird durch ein Anti-Elektron oder Positron »aufgewogen«. Wenn beide zusammenstoßen, vernichten sie sich gegenseitig. Es bleibt keine Masse zurück, da sie in energiereiche Gammastrahlung umgewandelt wird. Ebenso vernichten sich ein Proton und ein Anti-Proton, ein Neutron und ein Anti-Neutron, und so fort.

Materie kann demnach aus Protonen, Neutronen und Elektronen aufgebaut sein oder aus Anti-Protonen, Anti-Neutronen und Anti-Elektronen; im zweiten Fall sprechen wir von Antimaterie. Wenn zwei gleichgroße Brocken Materie und Antimaterie zusammenstoßen, werden sie sich vernichten und in Gammastrahlung umwandeln. Umgekehrt kann Masse aus Energie entstehen, aber nie als Teilchen nur einer der beiden Sorten. Für jedes neue Elektron muß ein Anti-Elektron entstehen, für jedes Proton ein Anti-Proton, für jedes Neutron ein Anti-Neutron. Wo immer die Energie in Materie umgewandelt wird, muß ein gleich großer Anteil Antimaterie entstehen.

Doch wo ist die Antimaterie geblieben, die zu Beginn des Universums gleichzeitig mit der Materie entstanden sein muß?
Die Erde besteht mit Sicherheit vollkommen aus »normaler« Materie (mit Ausnahme der winzigen Anteile von Antimaterie, die in den Laboratorien künstlich erzeugt werden oder die man in der kosmischen Strahlung findet). Auch das ganze Sonnensystem besteht aus »normaler« Materie, und gleiches gilt wohl auch für die Milchstraße, zu der wir gehören.
Wo also ist die Antimaterie? Vielleicht gibt es auch Milchstraßen, die ganz aus Antimaterie bestehen. Aufgrund der allgemeinen Expansionsbewegung im Universum werden sie nie zusammenstoßen und sich gegenseitig vernichten können. Antimaterie kann sich natürlich auch zu den Schwarzen Löchern verdichten, die von normalen Schwarzen Löchern nicht einmal zu unterscheiden sind, da man die Materie in einem Schwarzen Loch ja nicht beobachten kann.
Wenn sich das Universum in der Vergangenheit je zusammengezogen hat, müssen auch mehr Schwarze Löcher und Schwarze »Antilöcher« entstanden sein; und je weiter die Kontraktion fortschritt, desto größer wurde die Wahrscheinlichkeit von Zusammenstößen zweier unterschiedlicher Schwarzer Löcher; damit verbunden wäre natürlich die gegenseitige Vernichtung. Im letzten gäbe es dann eine unvorstellbare Auflösung von Materie in Energie: Die gesamte Materie des Universums wäre verschwunden – und mit ihr das Schwerefeld, das dieses gewaltige Schwarze Loch zusammenhielt; es wäre aber auch das kosmische Ei verschwunden. An seiner Stelle befänd sich eine ungeheuer energiereiche Strahlung, die sich sofort in alle Richtungen ausbreitete. Das könnte der Big Bang gewesen sein.
Einige Zeit später, nachdem die Strahlung durch die Ausdehnung schwächer geworden war, hätte sich erneut Materie und Antimaterie bilden können. Beide Anteile wären durch einen Trennungsprozeß voneinander abgespalten worden und hätten dann Sterne und Galaxien formen können – das expandierende Universum hätte langsam Gestalt angenommen. Betrachtet man den Big Bang so als Vernichtungsprozeß von Materie und Antimaterie, dann ist es gleichgültig, ob sich das kosmische Ei gedreht hat oder nicht, ob es tot oder lebendig war.

Doch wir haben bislang noch keinen Hinweis darauf, daß es Milchstraßensysteme aus Antimaterie gibt. Kann es sein, daß das Universum vielleicht doch nur aus »normaler« Materie besteht, auch wenn wir seine Entstehung dann nicht verstehen können?

Wir könnten sagen, daß dies unmöglich ist; das Universum kann nicht bloß aus »normaler« Materie bestehen, weil dann der Big Bang undenkbar wäre. Wir könnten aber auch nach einer anderen Erklärung für den Big Bang suchen, nach einem Big Bang, der auch am Ende einer Kontraktion »normaler« Materie zu einem nichtrotierenden Kosmischen Ei stehen könnte, nach einem Big Bang also aus einem »toten« Schwarzen Loch.

Nun, nach den Gleichungen zur Erklärung der Entstehung von Schwarzen Löchern ist der Schwarzschild-Radius von der Masse des Schwarzen Lochs abhängig.

Ein Schwarzes Loch mit der Masse der Sonne hat einen Schwarzschild-Radius von 3 Kilometern und ist deshalb 6 Kilometer groß. Ein Schwarzes Loch mit doppelter Masse ist zweimal so groß – 12 Kilometer. Eine Kugel aber, die zweimal so groß ist wie eine kleinere, enthält achtmal mehr Raum als die kleinere Kugel. Ein Schwarzes Loch mit zwei Sonnenmassen verteilt diese doppelte Masse also auf achtfachem Raum; es hat nur noch ein Viertel der Dichte des kleineren Schwarzen Lochs. Mit anderen Worten: Ein Schwarzes Loch ist um so größer und weniger dicht, je mehr Masse es enthält.

Wäre unsere ganze Milchstraße, die rund 100 Milliarden Sonnenmassen enthält, zu einem Schwarzen Loch verdichtet, so hätte dieses einen Schwarzschild-Radius von 300 Milliarden Kilometer, und seine mittlere Dichte läge bei 0,000001 Gramm pro Kubikzentimeter. Das galaktische Schwarze Loch wäre also fünfzigmal so groß wie der Durchmesser der Plutobahn, doch die Materie in ihm könnte gasförmig sein.

Würden alle Galaxien im Universum, vielleicht 100 Milliarden an der Zahl, zu einem Schwarzen Loch zusammenstürzen, so hätte dieses einen Schwarzschild-Radius von 3 Milliarden Lichtjahren, und seine mittlere Dichte wäre unvorstellbar klein.

Doch ganz gleich, wie dünn die Materie ist, das Objekt wäre ein Schwarzes Loch.

Wäre die Masse des Universums nur fünfmal größer, als die Astronomen heute annehmen, dann würde sein Schwarzschild-Radius auch auf das Fünffache wachsen, auf 15 Milliarden Lichtjahre also, und das ist etwa soviel wie der Radius des bekannten Weltalls.

Es ist also durchaus denkbar, daß das gesamte Universum selbst ein Schwarzes Loch ist, wie es der Physiker Kip Thorne vorgeschlagen hat.

Wenn dem so wäre, dann muß das Universum immer ein Schwarzes Loch gewesen sein und immer ein solches bleiben. Wenn dem so wäre, dann lebten wir in einem gewaltigen Schwarzen Loch, und wir brauchten uns nur umzusehen, um zu erfahren, wie es im Innern eines Schwarzen Lochs aussieht, zumindest in einem sehr massereichen Vertreter dieser Klasse.

Wenn ein solches Universum zusammenstürzt, könnten innerhalb des großen Schwarzen Lochs zahlreiche kleinere entstehen. Erst in den letzten Stadien der kosmischen Katastrophe, wenn alle Schwarzen Löcher sich vereinen und zu einem einzigen Schwarzen Loch verschmelzen, schnellt der Schwarzschild-Radius nach außen bis an den Rand des derzeit bekannten Universums.

Innerhalb dieses Schwarzschild-Radius kann sich durchaus eine Explosion ereignen. Vielleicht ist dieser »Sprung« des Schwarzschild-Radius nach außen eine erlösende »Befreiung« für das kosmische Ei, für das kosmische Schwarze Loch; vielleicht war *das* der Big Bang.

Dann kann das Universum niemals offen sein, ganz gleich, welche Hinweise wir aus den Beobachtungen sammeln, denn ein solches Universum kann sich nicht über den Schwarzschild-Radius hinaus ausdehnen. Irgendwie muß die Expansion an diesem Punkt zum Stillstand kommen, und dann beginnt die unvermeidliche Kontraktion, die am Ende in eine neuerliche Expansion übergeht. Einige Wissenschaftler glauben sogar, daß bei jedem Big Bang ein völlig neuartiges Universum mit anderen Naturgesetzen entsteht, doch ist auch das bloße Spekulation.

Ist es dann möglich, daß alles, was wir um uns herum im Weltall sehen, lediglich der unvorstellbar langsame »Atemzug« eines Schwarzen Lochs von der Größe eines Universums ist, ein Atemzug, der viele Milliarden Jahre dauert?

Und ist es weiter möglich, daß jenseits des Schwarzschild-Radius unseres Universums weitere ähnlich große Schwarze Löcher pulsieren, jedes mit einem ihm eigenen Rhythmus, jedes ein Universum für sich?
Wir wären dann in einem dieser kosmischen Schwarzen Löcher »gefangen« – und doch hätten wir mit dem Wunder unseres Verstandes von unserem Beobachtungsposten auf einem nur stäubchengroßen Punkt tief drinnen in einem der Universen eine Vorstellung von der Existenz und dem Verhalten aller Universen entwickelt.

Register

Namenregister

Sachregister

kursive Seitenzahlen verweisen auf Abbildungen